海底撈你學不會

台灣最成功的**餐飲集團**是《王品》
大陸最火爆的**餐飲業**是《海底撈》

《哈佛商業評論》
授予唯一的中國最佳商業案例研究獎

黃鐵鷹/著

目錄

讓員工嚴格遵守制度和流程，其實等於雇用一個人的雙手，而沒有雇用他的大腦。這是最虧本的生意，因為任何人都不可能像機器不走樣地重複同一個動作。人最值錢的是大腦，大腦能創造、能解決流程和制度不能解決的問題！

第二章　雙手改變命運／087

「海底撈有今天，每個幹部都有一份功勞和苦勞。所以不論什麼原因走，我們都應該把人家的那份給人家。小區經理走，我們給二十萬；大區經理以上走，我們會送一家火鍋店，差不多八百萬。」

「那叫什麼苦呀?!像我們這樣沒上過大學、沒有專業、沒有背景的人，再不想伺候人，還能幹什麼？……其實，我們在簡陽做了這麼多年，一共才有不到兩萬元的壞賬，你為了這兩萬元錢，把客人都當成跑單的，這不是丟了西瓜撿芝麻嗎？」

第四章　海底撈的危機　／189

「別人都以為現在海底撈很好，可是我卻常常感到危機四伏，有時會在夢中驚醒！以前店少，我自己能親自管理，每個店的問題都能及時解決，幹部情況我也都瞭若指掌。現在不行了，這麼多店要靠層層幹部去管，有些很嚴重的問題都不能及時發現；加之海底撈現在出名了，很多同行在學我們。所以，我總擔心，搞不好，我們十幾年的心血就會毀於一旦！」

第五章　張勇其人　／223

我的一個學生用記者的思維方式，在課堂上向張勇提了一個問題。他說：「張總，你認為你成功的最主要原因是什麼？」張勇撓了撓頭，有些為難了。因為任何企業家的成功都不可能只有一個原因，而是一堆原因。不過，張勇想了想，還是勉強回答了這個問題。他說：「可能我這個人比較善吧。」

第六章　海底撈你學不會！／261

講授海底撈案例時，我被人問得最多兩個問題，一是：同麥當勞這些連鎖店比，海底撈更多靠的人治，而海底撈這種管理方法能讓它走多遠？我的回答是，我不知道。但海底撈已經活了十六年，我只想把海底撈為什麼如此鶴立雞群的原因挖掘一下。第二個問題是：海底撈的做法，我們能學會嗎？我的回答是：你學不會。因為企業管理不是科學，是藝術。就像鋼琴學生不可能都成為鋼琴大師的道理一樣！

韓國人眼中的海底撈／262
會計師行向海底撈學習／264
IT工程師學海底撈／267
MBA學海底撈／271
首都機場學海底撈／275
海底撈你學不會！／280

跋　撈起「海底撈」　孫雅男　／288

參考資料　／291

自序 我寫海底撈

黃鐵鷹

二〇〇九年四月，海底撈案例在《哈佛商業評論》中文版上發表後，幾個出版社相繼約我寫一本海底撈的書。可是我對寫海底撈的書實在沒把握，加之又忙，就一一回絕了。

二〇一〇年初，我的老朋友《中國企業家》特刊部主任邊杰，帶著《中國企業家》執行總編輯李岷特地到北大找我。

我動心了，給海底撈董事長張勇打電話，要寫這本書。

張勇很猶豫，他說：「海底撈現在已經名聲在外。盛名之下，其實難副。再出一本書，怕吹過了。」

我說：「你再想想，我過些天給你電話。」

第二次電話，張勇同意了，但他提出三個條件。他說：「黃老師，第一，要寫就寫一個真的海底撈。要把海底撈好的一面與不好的一面、問題與困惑都展現出來；只要是真實的，我不介意。第二，寫海底撈的書，我可不給你錢。第三，你寫完了，我不審稿。」

我說：「好。」

於是，《中國企業家》給我派出大記者孫雅男小姐，一路陪我訪談，幫我整理資料。八個月後，書稿交給了中信出版社。

這本書真難寫。

張勇不僅把海底撈向我全面敞開，讓我採訪了海底撈的所有高管，還讓我進入了他的家庭和他的過去；再加上他那一句「我不審稿」，就更讓我的筆格外糾結。寫這本書，我領教到被人充分信任並不是一件好事，因為太沉重。其實，這就是張勇管人的方法，我著實地被他「管」了一次。

這本書完稿後，我開始嘀咕：是不是讓張勇看看？萬一我有什麼地方寫得失實或不對，給張勇和海底撈造成不好的影響怎麼辦？後來，我忍住了。原因是：這是我的書，是我看海底撈的視角。世界是個萬花筒，海底撈也是一個萬花筒，每個人看的角度不同，圖案就不應該相同。

因此，本書如果對張勇或書中所有我提名或未提名的人造成不好的影響，我在此事先道歉。

寫這本書的第二個難點是技術上的，按什麼形式寫？按小說寫，寫了三萬字，就寫不下去了。按報告文學寫，開個頭也卡住了。從企業管理的角度寫，還是不行。折騰三個月，真難受！最後是對寫作一竅不通的老媽一句話讓我定下了神。我帶七十九歲的媽媽去吃海底撈。老太太吃完後，出門說了一句，「這些農村的孩子真讓人感動！」對，就把海底撈這些讓我感動的事情寫出來，管他什麼文體！於是，就有了這本六十二篇短文組成的「四不像」。

這本書面市，我首先要感謝張勇。他讓我進入了他的世界，並讓我肆無忌憚地探索！

感謝張勇的母親和張勇的太太，這兩位對張勇最重要的女人都向我敞開了她們的心扉。

感謝張勇兒時的鄰居詹榮祥婆婆一家，他們讓我對張勇的歷史有了更深入的認識。

感謝張勇年輕時代的死黨和同學——同他一起創建海底撈的施永宏，他的坦誠、大度和忍讓，讓我感動。

感謝張勇年輕時代的死黨和同學——至今在海底撈當採購大主管的楊濱，他讓我這個五十五歲的，自以為知道人是怎麼回事的人，對人又有了新的認識。

感謝楊小麗這位四川女人——海底撈的唯一副總經理，她的故事讓我太太哭了三次。

感謝袁華強，海底撈北京大區的總經理，是他讓我開始產生研究海底撈的興趣。

感謝海底撈的財務總監苟軼群，這家以農民工為主體的企業中最高學歷的知識份子，他的思維和邏輯讓我新鮮。

我還要感謝謝英、陳勇、林憶、楊華、馮伯英、方雙華、謝張華和朱銀花等等，他們每個人的故事都讓我對海底撈不斷產生新的認識。

我還要感謝所有在餐桌上為我提供服務的海底撈服務員，每次吃飯，我的問題都會讓他們煩不勝煩。

另外，我特別要感謝的是《海底撈文化月刊》和它的主編鄭操梨先生。我不僅在書中引用了很多海底撈這份公司內刊上刊登的故事，這份小報還成了我了解海底撈歷史的唯一文字檔案，從中我洞察到了海底撈的變化。我向這些故事的撰寫人和提供者表示深深的感謝。

我還要感謝北京大學光華管理學院和過去九年聽過我課的學生，他們不僅給我提供了一個講臺，而且逼著我把中國商場實戰案例課講好。為了尋找更好的案例素材，我盯上了海底撈。

我在書中還收錄了我的學生關於海底撈的文章，他們是李垠周、李蕙曼、金修珍、況琳、歐陽易時和王廷偉，在此也向他們表示感謝！

最後，也最重要的是，我要感謝我太太，她對本書的每一篇文章都把了第一道關。如果哪篇文章沒有讓她感動，我就要重新琢磨。

（最後定稿於長春二〇一〇年十二月十七日，當天下大雪，氣溫零下二十三攝氏度）

推薦序1 海底撈的機制

甯高寧

鐵鷹是做過商人的學者，或者說他本來就是學者式商人。他總能抓住管理學中的本質東西，他總善於把管理學所有技巧性的理論一直追溯到人性本質的深度來拷問，他不喜歡把它的觀察局限在金壁輝煌的董事會議室，他更喜歡問老闆與雇員的關係是什麼，企業中每個人的感覺是什麼。到一家餐廳他更喜歡看廚房，到一家工廠他更喜歡看車間，他最喜歡與一般員工聊天，而員工也喜歡與他聊，他總能從制度設計角度為企業的成敗找到「人」的原因，而且這個原因往往是對的。

他的這些特點使得他與學界商界的人都不同，這幾年他在北大不僅是很受歡迎的教授，不僅開創了校園與企業結合的許多先例，他也把他的觀察思考更系統化、整體化、精神化了。他的許多發現和角度讓我們感受到了企業管理實踐的永續蓬勃和創新，也是因為他的發現和角度，我們才有了關於海底撈餐廳的這本書。

鐵鷹讓我寫序時我答應得很隨意，可把他的書稿看了幾章後我覺得這個序很難寫，因為鐵鷹在海底撈發現的東西是大多企業沒有的。中國成千上萬家餐廳，成功者各種原因都有，像海底撈這樣一家時間不長的火鍋店，在人上、信念上下這麼大工夫的不多。

為了搞清海底撈到底是怎麼回事，我和夫人曾在北京一個寒風刺骨的夜晚悄悄到海底撈排隊候餐，我們感受到的是一群態度不同的員工，他們樂觀、主動，還帶著強烈的自豪感，他們笑著的眼神中傳達出誠懇和歡迎你來的意思，走起來很快像小跑，想讓你滿意的意圖很強。從它的價錢，到它的菜品，到那幢樓裡其他餐廳都冷清只有海底撈要排一小時隊，我突然覺得鐵鷹這次抓住了一個很特別的研究對象，因為這個對象身上有種特質很稀缺、很寶貴，它可能是未來企業中越來越重要的東西。

大部分企業不缺制度，制度也能起很大作用，可僅有制度會造成機械和被動；大部分企業都有獎罰，金錢當然起很大作用，可僅有獎罰會造成交換和隔膜；很多企業都有理念、願景及使命，可僅有這些可以掛在牆上的東西會造成形式感和空洞，只有把這三者適當地放在一起了，企業才是一個完整的管理系統。

鐵鷹從海底撈發掘出來的是這三者的結合，而且這其中鐵鷹更著重了精神的東西，我知道這是鐵鷹的特長，也是他的信仰。我有個預感，這本書裡對基於人性和心理為前提的精神因素的提煉，會說明提升中國企業的認識水準和管理水準。

企業中有樣看不見但處處能感受到的東西，可以叫它理念、文化或信仰，也有人叫它企業宗教。這樣東西不需要，也不可能孤立地去建造，每家企業都有，有好有壞，因為它是企業管理中所有行為的結果。海底撈就在它的員工中建立了這樣一種讓人人癡迷的宗教。這種信仰是在海底撈的封閉環境中形成的，與企業外的社會一般做法不同。海底撈因為重新定義了員工與企業的關係、老闆與雇員的關係，當然也改變了企業與顧客的關係，原來可能是矛盾的三方成為一體的了。這樣一個新的信仰和信任的關係就形成了，你把每個人當作好人，每個人就真變成了好人，每個人都希望世界變得更美好，世界就真的更美好了。海底撈做了這樣一個不是沒有風險的嘗試，但卻很成功。我不認識海底撈的老闆，我想他定是一位心中有大愛的人，因為我覺得只有有大愛的人，才會有智慧把組織作這樣的改造。

有三件事都不是鐵鷹告訴我的，但我覺得與這本書很有關應該寫在這裡，一是聽說鐵鷹為了調研海底撈派了北大學生去餐廳打工做臥底，幾個月才拿到這些第一手資料。二是聽說海底撈也送火鍋外賣到家裡，人家吃完了，服務人員連垃圾也收走。三是在偶然機會下遇到要出這本書的策劃——《中國企業家》雜誌的編輯，他說甯總你的序寫了嗎？快寫吧，我們編輯部的人看了書稿都哭了！

推薦序2
幸福成就海底撈

王石

萬科集團有個物業事業部。物業服務與地產開發十分不同，它是一個人力密集型行業。基層員工離職率高，是這個行業最令人頭疼的問題之一——上周保安員還主動為你拎購物袋開門，下周新來的就要找你盤查證件了，這顯然會降低客戶的品質感。在萬科，客戶購買產品時物業服務的提及率高達八〇％，這樣一個至關重要的環節上，物業服務員工的離職率卻高達五〇％，原因不外乎兩方面：工作缺乏成就感，看不到職業發展方向；物質回報不盡如人意，看不到未來富足的道路。

社會的金字塔階層結構，注定每個行業都有數量最多的「基層員工」，物業服務行業是個典型，餐飲業更是個典型。這些行業從業者大多數來自農村，多數只受過初中教育，上過大學的是鳳毛麟角。

由於社會的、個人的原因，這些年輕人輸在了起跑線上，很難享受到作為社會稀缺資源的幸福感、成就感。這並不是中國社會的特例，大約一百年前的美國也有類似的情況。一九一四年一月五日，小亨利．福特的公司宣布將工作時間減少至八小時，同時翻倍地將工資提高到每天五美元，他希望員工的收入應該足以享受自己生產的產品。公司為此需要多支付一千萬美元。有經濟學家批評他「把《聖經》的精神錯用在工業場所，拿博愛主義做幌子來爭取人心」。那一年，福特公司的利潤增加二〇〇%達到了三千萬美元，並且拓展了汽車的消費人群，深刻地改變了一個行業的生態，也徹底改變了美國的國家精神。今天，我們都知道美國是一個生活在輪子之上的國家。汽車改變了美國人的生活，使他們更加熱愛這個國家的理想和生活方式。

真正的企業家考慮問題往往更全面。他們明白，如果社會與公司的制度安排讓普通勞動者無法享受到其本應有的幸福感與成就感，這樣的制度將無法持續。

不過，單個企業有可能解決這個問題嗎？還是只能坐等整個國家經濟環境和行業生態的進化？通常的辦法是多用親情與溫情打動基層員工，近似於一種軟綿綿的洗腦方式。這種方法短期有效，但難以持久——因為人能被蠱惑一陣子，但很難被蠱惑一輩子。

海底撈，起家於四川簡陽的一家全國連鎖火鍋店。去過他們店的顧客有幾個最直觀的感覺：第一，顧客多，排隊兩個小時去吃上一頓火鍋很常見；第二，服務好，筷子的長度讓人燙不到手，有專門供勺子搭著的鉤；排隊時還有人幫你擦鞋，飯桌上剛準備做手勢，服務員小妹已經心領神會地跑過來了；第三，服務員總是保持微笑。這些經營特色，近年成了企業管理界津津樂道的話題，我的老朋友黃鐵鷹先生還專門成書來探究一番。

海底撈成功的奧秘在哪裡？我認為黃鐵鷹的總結重點在一段話：養而不愛如養豬，愛而不敬如養狗。而人呢，只給吃和愛是不夠的，還需要尊敬。什麼是對人的尊敬？見老闆鞠躬給領導鼓掌？那是對地位和權力的尊敬。對人的尊敬是信任。信任你的操守，就不會把你當賊防；信任你的能力，就會把重要的事情委託給你。人被信任了，才會有責任感。而信任的唯一標誌就是授權——海底撈給予火鍋店的普通員工物質回報，還給他們「信任」與「授權」，讓他們一同收穫幸福感和成就感。

信任不是說出來的，而是做出來的。張勇在海底撈公司的簽字權是一百萬以上；一百萬以下是由副總、財務總監和大區經理負責；大宗採購部長、工程部長和小區經理有三十萬元的簽字權；店長有三萬元的簽字權。書中說，這種放心大膽的授權在民營企業實屬少見，但我認為這都不是最重要的授權，海底撈最重要的授權給予了基層的服務員：不論什麼原因，只要員工認為有必要，都可以給客人免一個菜或加一個菜，甚至免一餐。

這個小細節體現了海底撈管理的奧秘。從服務員一手幹起的老闆——張勇明白：一個餐館不論其名氣或者裝潢，客人從進店到離店，始終只跟服務員打交道，所以餐館客人的滿意度基本掌握在跑堂員工手裡。怎樣才能服務好客人？那就要善用這些在現場的普通員工，多發揮他們的才智。做法很簡單，授權，給他們作決定的權力。黃鐵鷹總結說：如果客人對你餐館的服務不滿意還要通過經理來解決，這個解決問題的本身又會增加顧客的不滿意度。

一般餐館裡，顧客結帳時不會同服務員談打折優惠。為什麼？談了半天，那個忙得跳腳的服務員連是否能給個九八折優惠都閃爍其詞，因為她要看大堂經理的臉色。這種折扣，給與不給，顧客與餐館都雙輸——顧客找經理要到折扣，也不會念餐館的好。

這等於海底撈的服務員都是經理，因為這種權力在所有餐館都是經理才有的。德魯克認為，企業的員工是否是管理者並不取決於他是否管理別人，所有必須堅持自己的目標和標準，進行決策，並對組織作出貢獻的員工，實際上都在行使管理者的職責。顯然，在海底撈的管理體系中，每一個基層服務員都是一個「管理者」，對服務品質起到關鍵的影響，對公司至關重要。

每個員工都是管理者的餐館，顯然就具備了不可複製的核心競爭力。這就是一些餐館使勁從海底撈挖人，試圖抄海底撈的模式，卻抄不出結果的真正原因。真正的核心競爭力是難以複製的。這也從側面印證了IBM前CEO沃森提出的原則：「就經營業績來說，企業的經營思想、企業精神和企業目標遠遠比技術資源、企業結構、發明創造及隨機決策重要得多。」

幾天前，一位萬科物業事業部的同事在微博上寫道：「顧問公司提出，人均管理面積如果過高，對員工滿意度和客戶滿意度都沒好處。認同！效率固然重要，但勞動密集型行業解決人的就業與穩定不也是社會責任嗎！」

萬科文化提倡平等、契約、分享、包容，其核心是「尊重人」，我們尊重每一位員工的個性，尊重員工的個人意願，也尊重員工的選擇權利。人才是萬科最重要的資本，二十七年來，我們走出了一條匯聚人才的道路。但從海底撈的管理案例中我看到，這家新型企業後起之秀的管理理念和管理方法中，有許多值得萬科尤其萬科物業借鑑學習的地方！

推薦序3

他人幸福，自己幸福

張維迎

黃鐵鷹又要出書了，並且邀請我為他的書寫個序。我雖然不擅長此道，但在看完這本書後，還是覺得值得一寫。

這本書講的是海底撈的故事，它的經營之道、管理之道、人才之道以及成功之道。海底撈的故事印證了我講的「市場的邏輯」。

在《市場的邏輯》一書中，我寫道：所謂市場，就是好壞由別人說了算，而不是你自己說了算的制度。市場的基本邏輯是：如果一個人想得到幸福，他（或她）必須首先使別人幸福。更通俗地講，利己先利人。比如說，生產者要獲得利潤，就必須為消費者提供滿意的產品或服務，為消費者創造價值；企業家想要有雇員追隨，成為他人的老闆，就必須給雇員提供足夠好的工資待遇和工作條件，並對後者的行為承擔連帶責任；工人要得到能維持家庭生計和改善生活的工作機會，就必須生產出客戶願意購買的產品。市場競爭，本質上是為他人創造價值的競爭。不能為他人創造價值的企業，必然在競爭中被淘汰。市場的這一邏輯把個人對財富和幸福的追求轉化為創造社會財富和推動社會進步的動力。由此，才有了西方世界過去二百多年的崛起，也才有了中國過去三十年的經濟奇蹟！

市場不僅是一隻看不見的手，而且是一隻隱形的眼睛。看不見的手指引人們做正確的事情，隱形的眼睛監督人們把事情做好，建立良好的聲譽。正是這隻看不見的手和隱形的眼睛，使得遠隔千里、素不相識的陌生人之間可以進行分工合作，相互提供服務，改善了人們的生活，推動了人類的進步。

如本書所展現的，海底撈的成功，在於它總是把顧客的幸福和員工的幸福作為賺錢的前提，把聲譽放在第一位。在海底撈，顧客才是真正的「老闆」，員工工作的滿意程度是顧客評價的；而員工能快樂地工作，是讓顧客真正感到滿意的重要保證。這話說起來容易，但真正做起來並不容易，它依賴於一整套的管理辦法和企業文化，也依賴於企業領導人的經營理念和胸懷。海底撈做到了！

本書由五十多篇短文組成，每篇講的都是小故事，但微言大義，讀來引人入勝。黃鐵鷹之前的幾本書都很暢銷，我相信，這本書也一定會暢銷，因為它給讀者帶來了快樂！

引子

「低素質」的農民工

二〇〇八年，一位北京市民在網上發了這樣一個帖子：

怎麼說也是東四環內黃金地段，怎麼說現在二手房也要兩萬，我真想不通，是不是給海底撈送錢的人太多了？還是對員工福利太好了？海底撈居然在我們社區租了兩套三居室給七十多名員工做集體宿舍。

真鬱悶！剛才報了警，員警說這事兒哪成啊！違反規定，得查，得處理。我安心了。這年頭，有事找員警，真好！另外，說我不應該管的，您自己捫心自問，您家對門天天進進出出三四十口素質不高的人，您作何感受？您要能忍，那您是神。我覺悟低，不能跟您相提並論。

另外，您真覺得這對他們來說是好環境？我們社區租金不低，三居能租七千左右，有這錢都差不多可以去附近便宜一點的社區租三個三居室，三十多人住一個三居和三十多人租三個三居，您覺得哪個生存環境更好呢？

說白了，如果海底撈這樣做不違法，員警也不會管；員警管，也不會單純驅趕，而是和街道一起，讓海底撈老闆找更多更合適的地方給他們住。要當神的，您自己去當，我一介平民，做我的凡人是也。

海底撈是什麼？

海底撈是一個川味的火鍋店，二〇〇四年開始在北京開連鎖，生意異常火暴。老闆名叫張勇，是四川簡陽人。海底撈以善待員工和為顧客提供超出想像的服務，在北京餐飲業引起了轟動。

張勇不忍心讓從農村來的服務員，在人生地不熟、交通不便的北京住得離餐廳太遠；又不忍心像很多餐館老闆那樣，讓他們住城裡人不住的地下室。張勇給海底撈員工租城裡人住的正規樓房，結果就頻頻遭到像上面發帖的「高素質」北京市民的投訴，而員工則屢受保護這些「高素質」市民的居委會、保安和員警們的驅趕。

二〇〇六年春節前兩天，海底撈在北京好不容易給員工租到一套住房，一下子交給業主一年的租金。十多個來自農村的小姑娘正興沖沖地搬家，卻被聞訊趕來的其他業主和保安擋在門外，原因是：「你們人太多不能住一套房（沒聽說北京有這樣的法律）！」小姑娘們哭了，說：「我們那邊已退租，這邊不讓住，我們店春節還要開門，又不能回家，我們去哪兒住？再說了，我們一半行李已經搬進去了？」最後，「高素質」的北京人動了惻隱之心，讓她們暫住兩個星期，過了年必須搬走。

兩個星期就兩個星期。中華民族最偉大的特性之一就是忍耐，作為中華民族脊樑的中國農民後代更能忍！第二天這些小姑娘們穿上工服，像沒事兒一樣又去海底撈侍候北京的顧客們了。

北京是中國的政治和文化中心，也是中國的火鍋中心，北京人喜歡火鍋，除了傳統的涮羊肉，改革開放三十多年，他們把各地火鍋都引到了京城，什麼重慶麻辣、內蒙古肥牛、貴州酸魚、港式海鮮，應有盡有，據不完全統計，北京火鍋店不下四千家。真可謂，得北京者，得天下。

競爭讓北京火鍋愛好者笑了，有些火鍋店常年打出羊肉十五元一盤、啤酒免費暢飲的廣告。競爭讓火鍋老闆們的心緊了，據業內人士說，很多火鍋店在北京活不過三年。

二〇〇四年，名不見經傳的，來自四川簡陽的海底撈火鍋店，也趕到京城湊熱鬧來了。初期它向所有新進入者一樣，根本沒有引起關注，因為京城火鍋業對這樣不知死活的新進入者太見慣不慣了。

可是它慢慢引起了同行的注意。何止是注意，北京火鍋店老闆幾乎都去過海底撈吃過飯！

為什麼？偷藝。

不僅是同行，它還引起了媒體的注意，中央電視臺和北京幾家大報都相繼報導了這個火鍋店；在餐飲網站——大眾點評網，純粹由顧客打分排名的前三名北京火鍋店，連續三年都是海底撈。

海底撈憑什麼能引起這樣的轟動？

因為海底撈在三伏天能讓北京食客排隊吃它的火鍋！北京的三伏天，溫度經常高達三十多攝氏度。此時是火鍋的淡季，很多火鍋店要麼提供別的菜式，要麼乾脆讓部分員工回家歇著。可是海底撈火鍋在三伏天每天平均每桌還要「翻三次台」，這不能不說是一個火鍋奇蹟。

問這些三伏天還在海底撈排隊的人為什麼喜歡海底撈的火鍋，有的客人說：「我喜歡來海底撈，這裡服務很『變態』，在這裡等候時，有人給免費擦皮鞋。」

的確，海底撈有很多別的火鍋店沒有的服務，在客人等候時，可以享受店內提供的擦皮鞋和修指甲服務，不僅如此，客人等候時還可以免費地享受水果拼盤、飲料，上網，玩撲克和象棋！

可是，這些要等一兩個小時的北京食客，難道就為了這一點兒蠅頭小利，三伏天要去排隊吃它的火鍋？

有的客人說：「這裡的價錢公道，分量足，還能點半份菜！」

可是海底撈顧客的人均消費也在六七十元左右，這是北京中檔火鍋店人均消費的平均值。

有的說：「海底撈的衛生好，桌子從來不油膩，擦得比家裡都乾淨；廁所裡沒有味兒；廚房裡面都讓人參觀，吃著放心！」

有的說：「我第二次去，那幾個服務員就能叫出我的名字；第三次去，他們就知道我喜歡吃什麼！」

有的說：「這個店就是跟別的店不一樣，吃火鍋眼鏡容易有蒸氣，他們給你擦眼鏡的絨布；頭髮長的女生，給你繫頭髮的皮筋套，還是粉色的；手機放在桌上容易髒，給你專門包手機的塑膠套。」

有的說：「我就願意吃他們的火鍋，料正，湯好，味道獨特。」

還有的乾脆說：「到海底撈吃飯開心，他們的服務員總是笑呵呵的！」

難道僅僅是這些原因，就讓海底撈如此鶴立雞群？

火鍋很賺錢！

做餐館的人都知道，開一家容易，開兩家難，三家不死，才是神仙。道理很簡單，麻雀雖小五臟俱全，再小的餐館也是一家企業，能管好三家餐館的老闆就能做連鎖了。

然而，從二〇〇四年到現在，海底撈一口氣在北京開了二十家火鍋店；家家火暴到客人要排隊。

最讓同行嚥不下這口氣的是，很多老闆去海底撈吃完後，又讓管理層和領班們也去吃。可是同行們白白給海底撈貢獻了好多營業額，客人就是不到自己的店裡排隊；還有的火鍋店乾脆派臥底到海底撈當服務員，可是依然沒有把海底撈的精髓學到。

真怪了，火鍋又不是原子彈，怎麼就這麼難學？

俗話說，外行看熱鬧，內行看門道。二〇〇六年六月二十三日，兩百名來自百勝公司的區域經理將年會聚餐的地點選在海底撈北京牡丹園店，與其他客人不同，他們對服務的興趣遠大於吃飯。他們說這頓飯的目的是「參觀和學習」。

大多數人可能不知道百勝公司，但不會不知道肯德基和必勝客。百勝公司就是這兩個速食連鎖店的總公司，據說每個百勝區域經理至少管理三十六家店。而當時海底撈全國的店數還不到二十家。張勇說，「這簡直是大象向螞蟻學習」。次日，在百勝公司的年會上，應邀做演講嘉賓的張勇，被這些「大象」學生們整整追問了三個小時。

現在，海底撈已成為京城飲食業的一個現象。不光是做餐館和吃飯的人知道，計程車司機也知道海底撈。去海底撈的客人不僅多，海底撈還是北京晚上歇業最遲的餐廳。深夜去海底撈門前趴活兒（出租司機行話，即等生意），沒錯！

什麼東西成了焦點，自然就引來人們評頭論足，有人說海底撈的火鍋底料是不是有什麼奧秘？於是很多同行偷偷把海底撈底料拿回去化驗。

還有人說，這家老闆不知騙了多少貸款，要不，怎麼這麼大手筆擴張？海底撈每家店都在二千平方米左右，大的店裝修費就要上千萬，小的也要幾百萬。還有的說，保不齊人家有什麼旁門生意，是在用火鍋洗錢呢。

可是海底撈不僅沒有銀行貸款，連找上門的風險投資的錢都沒用。我開始研究海底撈就是因為我的一個做投資銀行的學生。他說：「黃老師，我們發現一個很有意思的公司，叫海底撈火鍋店。我們主動給它送錢，那個老闆硬不要。」

我問張勇：「這年頭很多生意人就想圈錢，你為什麼不要？」

張勇說：「如果用了投資銀行的錢，就要按人家的計畫開店。可是我覺得生意跟人一樣，該幹活兒就幹活兒，該吃飯就吃飯，該睡覺就睡覺。不是每年你想開幾個店，就能開幾個店，而是要根據生意的情況和自己的能力，該開幾個店就開幾個店。」

我問：「你們從沒有借過銀行的錢？」

張勇說：「我們也不是不想用銀行貸款，可是貸款需要資產抵押。海底撈沒有什麼值錢的資產，店面都是租來的，最貴的就是裝修和鍋碗瓢盆，可是這些不能作資產抵押。」

我又問張勇：「你還做過什麼生意？」

張勇說：「火鍋店是我做過的唯一生意。一九九四年我們在四川簡陽開海底撈第一家火鍋店時，四個股東渾身上下就八千元現金，到二〇一〇年我們有六十多家店，這十幾年裡，海底撈只有很少幾次用到一些小額的短期銀行貸款，海底撈現在的家底都是一盤一盤菜賣出來的！」

我睜大眼睛問他：「你是說海底撈的初始投資就八千元？」

張勇說：「對，就八千元。黃老師你不做餐館，你可能不知道：做火鍋的確很辛苦，但火鍋做好了很賺錢。海底撈的店，平均一年半收回投資。一家店收回一半投資時，我們就開始籌辦第二家店，因為新店裝修總要幾個月。」

我心裡默算了一下，如果都按一年收回投資，海底撈辦了十六年，一生一，二生二，四生四……

哦，看來張勇說的是實話。

早知道火鍋這麼賺錢，我都做火鍋了！

可是當我研究海底撈兩年後，我知道了，我做不成海底撈。

挖不動經理，就挖服務員！

其實，全國有很多比海底撈大的火鍋連鎖店。我問張勇：「海底撈生意這麼好，為什麼不多開一些店？」

張勇說：「我們不多開店，不是因為沒有錢，而是缺少合格的人。大街上招來的人，要經過培訓，才有可能成為符合海底撈標準的人。海底撈的火鍋店必須由符合海底撈標準的人管，才能有這樣高的回報。我們每年開多少店，首先是看能訓練出多少合格的幹部和骨幹員工，然後才看手裡有多少可開新店的錢；這麼多年我們手裡的錢總是綽綽有餘。」

我問張勇：「什麼是符合海底撈標準的人？」

張勇說：「標準很多，但原則很簡單，就是不怕吃苦的好人。比如，海底撈的員工要誠實肯幹，要能快速準確和禮貌地對客人服務；要能發現顧客的潛在需求，不僅會用手，還要會用腦去服務；不能賭博，還要孝順。」

成為正式的海底撈員工，要作如下宣誓：

我願意努力工作，因為我盼望明天會更好；
我願意尊重每一位同事，因為我也需要大家的關心；
我願意真誠，因為我需要問心無愧；
我願意虛心接受意見，因為我們太需要成功；
我堅信，只要付出總有回報。

可是四川是麻將大省！有人戲稱：「飛機還沒在機場降落，就能聽到四川人在底下打麻將！」上萬名海底撈員工，至少有三分之一來自四川。我問張勇：「賭博和孝順你們也管」

張勇說：「不僅管，而且是鐵律！賭博就要開除！不孝順父母的，不忠於家庭的，不能當幹部！我們的幹部在接受任命時都要宣誓。」

我問：「為什麼？」

「很簡單，一個人自私到不管父母，工作起來一定會斤斤計較，也不可能與人為善；面對誘惑，很可能會鋌而走險。好賭的人都是喜歡走捷徑的人，不可能對餐館這種又苦又累的工作全情投入。」張勇說。

嘿！張勇有點像德育老師。

「培養人說起來容易，做起來難，因為人是活的。這個問題到現在也是我們最頭疼的問題！黃老師，你說，現在有沒有什麼流程和方法，能向製造汽車那樣源源不斷地培養符合標準的幹部和員工？」張勇問我。

我想了想，說：「我相信沒有。按理說，大學就是製造人才的工廠。可是世界上最好的大學，也達不到世界上最差的汽車工廠的品質標準。人不是機械零件，畢業生之間的差距太大！」

儘管海底撈目前沒有解決這個讓張勇最頭疼的問題，但在海底撈幹過的人已經不一樣了。海底撈火鍋一枝獨秀後，很多餐館到海底撈挖人。挖人自然先挖店長；店長挖不動，就挖大堂經理；經理挖不動，就挖領班；領班挖不動，就挖服務員。

我曾經問一個挖過海底撈服務員的餐廳老闆：「人家挖人都挖經理，你挖服務員幹嗎？」她說：「他們店長我挖不動，海底撈服務員的腦袋也靈活，在我們餐館都能當領班。我們去吃了幾次海底撈，每次不論怎麼挑剔，愣是沒挑出毛病。有一次，我們一個經理要把一盤羊肉稱一稱，看夠不夠分量。人家服務員不僅沒煩，還說，哥，你是用我們廚房的秤，還是我給您到外面買個電子秤？結果，我們那個經理撲哧一下笑出來，然後坦白說是同行，故意來挑毛病的。結果那個小丫頭說，我早就看出你們是同行，是同行我們更歡迎，因為你們逼著我們做得更好。我問那個小丫頭，在海底撈幹了幾年，結果，她說才八個月！」

海底撈的人是怎麼煉成的？

張勇是海底撈的第一個員工。一九九四年，在四川拖拉機廠當電焊工的張勇，在簡陽縣城支起了四張桌子，在父母的幫助下，利用業餘時間賣起了麻辣燙，這就是海底撈的雛形。

張勇說：「我不會熬湯、不會炒料，連毛肚是什麼都不知道，店址選得也不好。想要生存只有態度好，客人要什麼，快一點；客人有什麼不滿意，多賠點笑臉。剛開的時候，不知道竅門，經常做錯；為了讓人家滿意，送的比賣的還多。結果，客人雖然說我的東西不好吃，卻又願意來。」

半年下來，一毛錢一串的麻辣燙讓張勇賺了第一桶金——一萬元錢。一個年輕人撿一萬元，或者父母給一萬元，同賣二十萬串麻辣燙掙的一萬元，是不同的錢。前一個一萬元是洪水，會一下把小苗沖走；後一個一萬元是春雨，春雨潤物細無聲。

賣了二十萬串麻辣燙的張勇悟出來兩個字——服務。張勇說：「如果客人覺得吃得開心，就會誇你的味道好；如果覺得你冷淡，就會說難吃；服務會影響顧客的味覺！」

如果說所有餐館都需要好的服務，火鍋店就需要更好的服務。因為火鍋不同於別的菜，吃火鍋時每個客人都是半個大廚，不僅自己要調料，還要親自在沸騰的湯裡，根據自己的喜好和口味，煮各種食材，因此吃火鍋的人比吃其他菜式的人需要更多的服務；特別是四川火鍋濃重的麻辣刺激，吃到最後大多數人實際上已分不出不同火鍋店的不同口味；因此，在地點、價錢和環境差不多的情況下，服務好壞是顧客區分火鍋好壞的最重要因素。

什麼是好的服務？就是讓客人滿意。什麼是更好的服務？就是讓顧客感動。

怎麼才能讓顧客感動？就是要超出顧客的期望，讓顧客感到意外，讓他們在海底撈享受到在其他餐館享受不到的服務。這樣，海底撈與其他火鍋店的差別才能體現出來；於是，當顧客要吃火鍋時，才能想到海底撈。

管理真是實踐的藝術。技校畢業的張勇，在偏僻的四川簡陽火鍋店裡竟然摸索出商學院教授奉為神明的競爭差異化戰略。

然而，張勇比教授們多一樣本領，那就是他不僅懂得差異化戰略，還能把差異化做出來。

第一章

把他們當人對待！

客人是一桌一桌抓的

哪怕在海底撈幹過一天的員工都知道「客人是一桌一桌抓的」這句張勇語錄。

為什麼要一桌一桌抓客人?因為儘管每桌客人都是來吃火鍋的,但有的是情侶約會,有的是家庭聚會,有的是商業宴請……客人不同,需求就不同,感動客人的方法就不完全一樣。

從買菜、洗菜、點菜、傳菜、炒底料,到給客人涮菜、打掃清潔、收錢結帳,做過火鍋店裡每一項工作的張勇深知,客人的要求五花八門,嚴格按流程和制度來服務最多能讓客人挑不出毛病,但不會超出顧客的期望。比如,任何餐館的流程和制度都不可能規定給客人擦鞋的服務。

張勇開辦火鍋店初期的一天,當地一位相熟的幹部下鄉回來,到店裡吃火鍋。張勇發現他的鞋很髒,便安排一個夥計給他擦了擦。這個小小的舉動讓客人很感動,從此,海底撈便有了給客人免費擦鞋的服務。

一位住在海底撈樓上的大姐,吃火鍋的時候誇海底撈的一種辣醬好吃,第二天張勇便把一瓶辣醬送到她家裡,並告訴她以後要吃,海底撈隨時送來。

這就是海底撈一系列「變態」服務的開始。

可是這種差異化的服務,只能通過每一個員工的大腦創造性地實現。

開連鎖餐廳最講究的是制度與流程，比如肯德基的薯條要在一定溫度的油鍋炸多長時間，麥當勞漢堡包的肉餅有多少克重。但制度與流程在保證品質的同時，也壓抑了人性，因為制度與流程忽視了執行者最值錢的部位——大腦。

讓員工嚴格遵守制度和流程，其實等於雇用一個人的雙手，而沒有雇用他的大腦。這是最虧本的生意，因為人的雙手是最劣等的「機器」，任何人都不可能像機器不走樣地重複同一個動作。人最值錢的是大腦，大腦能創造、能解決流程和制度不能解決的問題！

服務的目的是讓客人滿意，可是客人對涮火鍋的過程和吃火鍋的要求不盡相同，火鍋客人的滿意不可能完全用標準化的流程和制度所達到。比如有的人可能要標準的調料，有的人喜歡自己調；有的人口味重，需要兩份調料，有的人連半份都用不了；有的人可能喜歡自己涮，有的人喜歡服務員給他涮。

有人不喜歡免費的酸梅湯和豆漿，能不能送他一碗雞蛋羹？儘管雞蛋羹是收費的，但如果能讓牙口不好的老人吃一碗免費雞蛋羹，他可能會記一輩子！

一個客人想吃冰淇淋，服務員能不能到外邊給他買？

一份點多了的蔬菜，能不能退？

既然是半成品，客人可不可以點半份，多吃幾樣？

一個喜歡海底撈小圍裙的顧客，想要一件拿回家給小孩用，給不給？

碰到這些流程和制度沒有規定的問題，大多數餐館當然是按制度和流程辦——不行；在海底撈，服務員的大腦就需要創造了——為什麼不行？

我在海底撈的員工雜誌上，隨手抓了幾個海底撈員工的服務差異化的例子。

上海三店姚曉曼說：

「有一次，雅間十一號坐的是回頭客鄔阿姨。她女兒點菜時問，撒尿牛肉丸一份有幾個？我馬上意識到，她怕數量少不夠吃，便回問一句：姐，你們一共幾位？她說十位。我立馬告訴她，一份本來是八個。我去跟廚房說一下，為您做十個。她很驚訝地抬頭看了我一眼，說：小姑娘，你們領導不會說你吧？我說，您放心，只要說明原因，領導都會理解。

「還有一天中午，雅間五號的客人有八個，點了很多菜，而且要求五花八門。我當時正同時接待兩個包間，有點忙亂。他們的菜上齊了好久，我對單時突然發現一份羊羔肉還沒上。我害怕他們說我。後來，我想到一個辦法，我輕輕跟那位請客的趙哥說：哥，還有一份羊羔肉，您還上嗎？他說：哦，我點的肉還沒上？我抱歉地說：那肉是冰鮮肉，上來要馬上吃，看你們聊得這麼開心，還有很多素菜沒吃呢，我特意沒讓廚房上。如果您還要，兩分鐘就給您上來。他一聽馬上轉怒為喜，說：你這丫頭真聰明，拿筆來我給你寫獎狀！」

上海三店張耀蘭說：

「星期六晚上生意特別好，七點半三號包房上來一家姓徐的客人，年紀大的徐叔叔，又高又大，很靦腆不愛說話；年輕的徐叔叔個子也很高，戴副眼鏡，性格開朗，又說又笑；徐媽媽個子不高，很和藹，也愛說話。他們點了一份鵪鶉蛋，我把鵪鶉蛋給他們下鍋時，發現徐媽媽把上面的蘿蔔絲夾到碗裡吃。

「我感覺她一定很喜歡吃蘿蔔，於是立即打電話給上菜房，讓他們上一盤蘿蔔絲，然後我拿蘿蔔絲去調料台放上幾味調料。當我把拌好的蘿蔔絲端到桌上時，他們很驚訝，說我們沒有點蘿蔔絲呀？我說：我估計阿姨愛吃蘿蔔絲，特意拌了一盤送給阿姨吃，不知道你們喜不喜歡？徐阿姨說：你怎麼知道我喜歡吃蘿蔔絲？我說是我猜的。

「他們當然非常高興，邊吃邊誇我，還問這蘿蔔絲是怎麼拌的。最後徐叔叔要來一碗米飯，把蘿蔔絲盤子裡的湯拌到飯裡吃了，說這是他吃過的最香的飯。接下來一個月，他們連來了三次，還把他們姓蔡和姓楊的朋友介紹來吃飯。看，一盤蘿蔔絲多神奇，幫我『抓』了這麼多客人！」

北京五店的李小梅說：

「一個大姐來用餐，看等座的人很多，要了號後問我，這附近哪有理髮店，她要去洗個頭。我就把大姐送過去了。可是回來後，不久就下起雨，我想到她沒帶雨傘回來一定會淋雨，就又跑過去給她送了一把傘。後來，那個大姐來我們店很多次，有一次還帶來一件新衣服，說是她女兒買的，穿著不合適，非要給我。」

海底撈的客人就是這樣一桌一桌抓的！

把員工當成家裡人

當過服務員的張勇知道，差異化的服務掌握在每一個員工手裡。只有海底撈員工能動腦服務顧客，並且不怕犯「錯誤」——讓公司吃小虧，讓顧客佔小便宜，海底撈才能感動顧客。

可這事說起來容易，聽起來明白，做起來可就難了。怎樣才能讓這些背井離鄉、在農村長大、家境不好、讀書不多、見識不廣、受人歧視、心裡自卑的服務員主動為客人服務？

張勇說：「火鍋是低技術含量的行業，比如，怎麼端菜、點火、開門和打招呼，不需要專門技能，一般人稍加培訓都能幹；只要願意幹，沒有幹不好的，關鍵是願不願意。大多數服務員是迫於無奈才選擇這個待遇低、地位低、勞動強度大的職業，所以幹得不好。因此，要想讓員工幹好這份低技能的工作，關鍵點不應該放在如何培訓員工怎麼做這份工作上，而是要放在如何讓員工願意幹這份工作的環境上。只要員工願意幹，用心幹，你就贏了！」

我問張勇：「哪個老闆不想讓員工用心工作？這是全世界老闆都想征服的珠穆朗瑪峰，可是真正做到的卻是鳳毛麟角。你是怎麼做的？」

張勇說：「我覺得人心都是肉長的，你對人家好，人家也就對你好；只要想辦法讓員工把公司當成家，員工就會把心放在顧客身上。」

哦，就這麼簡單？這不是常識嗎？

家最能觸動中國人的神經。中國人真有信仰的不多，家是絕大多數中國人的精神歸宿。中國人一生的追求和榮辱都同家連在一起。家還有一個特點，就是公私不分。家的成員很多，地位有高有低，但每個家庭成員都願意對家作出最大的貢獻。

因此，什麼東西同家連在一起，中國人就玩命了。上個世紀五〇年代，一首「雄赳赳，氣昂昂，跨過鴨綠江，保和平，為祖國，就是保家鄉」的歌，把戰爭同家連在一起，讓武器裝備落後的中國軍人，竟然同以美國為首的聯合國軍打個平手；十幾萬中國軍人的年輕軀體永遠地埋在了異國他鄉。

怎麼才能讓員工把海底撈當成家？

答案在張勇這裡變得很簡單——把員工當成家裡人。如果員工是你的兄弟姐妹到北京給你打工，你會讓他們住到城裡人不住的地下室嗎？當然不會，因為在條件允許的情況下，你不忍心讓他們住那種通風不好又悶又熱又潮的房子。可是很多在北京餐館幹的服務員就是住在北京的地下室，而他們的老闆住在樓上。

海底撈的員工住的都是城裡人住的正規住宅，裡面有空調和暖氣，每人的居住面積不小於六平方米。不僅如此，宿舍必須步行二十分鐘之內可到工作地點。

為什麼？因為北京的交通太複雜，服務員工作時間太長，這些還都是大孩子的服務員需要充足的睡眠。由於海底撈租房如此挑剔，可選擇的就只能在一些城裡好的社區，所以就引起某些「高素質」居民的不滿。

不僅如此，海底撈還有專人給員工宿舍打掃衛生，換洗被單；宿舍裡可以免費上網，電視電話一應俱有；海底撈員工稱他們的宿舍擁有「星級」酒店的服務！

讓員工把公司當家不是說出來和教育出來的。人都不傻，事實勝於宣傳。海底撈這些來自農村員工的被窩裡，在北京沒來暖氣的時候，還有公司給配發的暖水袋！有的分店，晚上還有專人把熱水灌進去！是不是只有媽媽才能這樣做？

如果你的兄弟姐妹從鄉村來北京打工，你一定擔心他們路不熟，會走丟；不懂規矩，會遭城裡人的白眼。於是，海底撈的培訓就不僅僅是工作的內容，還包括怎麼看地圖，怎麼用沖水馬桶，怎麼坐地鐵，怎麼過紅綠燈，怎麼使用銀行卡……

在訪談時，海底撈員工驕傲地告訴我說：「我們的工裝是一百多元一套的好衣服，鞋子也是名牌運動鞋。」做過服務員的張勇知道，服務員的工作表面看起來輕鬆，可是實際非常繁重，特別累腳。

你的兄弟姐妹千里迢迢來打工，孩子的教育怎麼辦？於是，海底撈在四川簡陽建了一所寄宿學校，海底撈員工的孩子可以在那裡就讀。

海底撈不僅照顧員工的子女，還會想到員工的父母。海底撈領班以上幹部的父母，每月會直接收到公司發的幾百元補助。夫婦誰不想讓孩子有出息？可是衣錦還鄉的機會畢竟不多。然而每月公司寄的零花錢，卻讓父母的臉上放了光彩。中國人含蓄，中國的農民更含蓄，心裡驕傲還不好直說，卻說：「這孩子有福氣找到一家好公司，老闆把他們當成兄弟！」難怪員工都把張勇叫成張大哥。

海底撈河南焦作店的徐敏說：

「我家在四川農村，家裡條件不好，因此，我放棄了學業，剛來的時候我累得哭過，但我最終堅持下來了。我在海底撈已經三年了。這三年對於一個離家在外的女孩來說時間真是好長呀！三年裡，由於店裡生意太忙，都沒能回家陪父母過春節，我覺得自己很不孝，我該如何補償呢？

「海底撈給了我盡孝的機會，海底撈每年都組織優秀員工的家長去海南旅遊。今年公司通知我，這次名額是我的！我馬上給老爸去了電話，電話那邊一直嘟嘟的，我的心都快跳出來了，老爸你怎麼還不接電話呀？喂？聽到老爸的聲音，我的眼淚不聽話地往下流。爸，你聽我說，我們公司安排優秀員工家長到海南旅遊，也有你們。你和媽媽一起去吧！剛開始爸爸不同意，怕花我的錢，我說是公司報銷。

「爸爸媽媽去了海南，第一次見到海。我好開心，更開心的是爸爸媽媽要來焦作看我，公司把車票都訂好了。」

如果你的妹妹弟弟結婚了，你能讓年輕的夫婦分居嗎？如果妹夫沒有工作，你能不替他著急嗎？於是海底撈的人事政策又讓人力資源專家大跌眼鏡，海底撈鼓勵夫妻在同一家公司工作，而且還給夫妻提供由公司補貼的夫妻房。

春節對中國人來說是最重要的節日，對農民工來說春節不僅僅是節日，也是他們生命存在的象徵。為了一年一次的團聚，他們忍受著一年的辛酸、勞苦和春運的疲勞！可是中國春節法定的帶薪年假只有三天。如果這些農民工是你的家人，你忍心只給他們三天假嗎？

海底撈員工春節享受七天有薪年假。如果按每人每日基本工資四十元算，每個春節海底撈要比國家法定假日多支付給每個員工一百六十元，一萬人就是一百六十萬！

看到這兒，人們一定會說，這些福利都需要錢呀，海底撈哪兒來這麼多錢？

對了，海底撈在員工身上的成本絕對高於同行。但是如果沒有繼續問下面的問題，就說明你是一個一般的管理者。

這些成本能產出什麼？

我的第二個家

家對所有中國人都重要，對農民工更重要，因為他們常年不在家，所以特別渴望家。因此，一旦他們真把公司當成家了，「原子彈」就會爆發。

海底撈北京四店的王彩虹說：

「我是來自雲南的一位阿姨，四十多歲的我經歷了婚變、背叛和諸多人間滄桑。半年前，單身的我經親戚介紹來到海底撈，女兒則留在老家讀初中，在親戚家寄宿（因為我沒家了）。我在海底撈北京四店工作，我是做保潔的。我在這裡感到了久違的溫暖，同事之間很客氣，都管我叫『阿姨』或『大姐』。

「我特別感激大堂經理謝張華，我曾在她擔任領班的那組擔任保潔，她就像對待自己母親那樣對待我。她知道我捨不得電話費，就經常給我女兒打電話，叮囑她努力學習，爭取考大學。女兒每次來電話也都提起她。

「最難忘的是那天早上，我正在三樓拖地，同事們突然唱起了生日歌，接著謝張華端著果盤出現了，我當時就哭了。謝張華抱著我，祝我生日快樂，還管我叫『媽媽』。此時，我真切地感到家的存在。我愛你，我的家海底撈，我愛你，我的女兒，小謝。

「上次汶川地震，有人捐給店裡五千元錢。店裡考慮再三，決定把錢捐給家鄉受災家庭最困難工作最優秀的員工，最後選定了我。當錢送到我手裡時，我真不知道該說什麼。我現在快五十歲了，我總在想怎麼報答海底撈。在我有生之年，我要每天拼命端鍋、掃地、拖地……只要我能幹得動的我都幹，我沒有半點怨言，因為這是我的第二個家。」

心理學揭示：當人用心的時候，大腦才能創造；當心理沒有負擔時，大腦的創造力最強。人做事一定是先用心，後動腦；心指揮腦袋。

請看海底撈西安二分店的清潔工張紹群是如何為這個家用心工作的，她說：

「海底撈是我們的家，家要過得興旺，既要能賺錢，還要能省錢。海底撈每天要用大量的清潔用具，我有幾個又省錢、效果還好的小方法跟大家分享。

「把幾個用爛的拖把綁到一起變成一個大拖把，比新的拖把好用，擦地又快又乾淨。每天晚上把拖把洗乾淨擰乾後，要倒靠著牆邊放，這樣拖把會用得更久。新掃把要用鐵絲先綁一下，再用膠繩綁兩道，洗乾淨後也要倒放，壽命會長一倍。不用的工作服可以做拖布，比買來的好用。垃圾鏟沒把兒了，可以把其他壞垃圾鏟的把兒換上繼續用。排推，一邊沒毛了，可以調過來反釘上再用，壽命提高一倍。廚房不用的鋼絲球可以擦廁所，效果很好，但擦完後，要晾乾。」

海底撈給員工提供了家的生活條件和工作環境，使很多原本堅持不下來的員工，堅持下來了。於是。在海底撈有經驗的員工就越來越多。

海底撈西安物流站的魏義波說：

「我剛開始在海底撈後堂洗盤子，海底撈的生意太火暴了，每天有很多盤子要洗。從早到晚除了吃飯休息一下，其他時間都要站在水池邊洗盤子。重心從左腿到右腿，再從右腿到左腿，晚上回到宿舍，小腿基本沒知覺了。長時間地泡水，手都脫皮了。指甲縫間的皮膚潰爛了，明天還要繼續洗，怎麼辦？晚上用衛生紙夾上，第二天早上，血和紙在指甲縫中結成一層厚厚的痂。

「我愛人不同意我來海底撈，說我不出一個月就得哭著回來，並賭氣不給我打電話。結果，一個月過去了，我沒有回家。給愛人打電話時抱著電話哭，但還是捨不得離開海底撈。他說，回來吧。我說，再堅持一個月；一個月過去了，我跟他說，再堅持一年。

「結果，愛人放下電話，把家裡沒長大的兩隻豬賣了，把沒有收割的玉米送了人，買了車票也來海底撈打工了。

「一晃，五年過去了。我從洗碗工變成部門主管。是海底撈這個家把我這個只念過一年半初中、半文盲的人，培養成了獨當一面的主管。」

如果問一個離家闖蕩的人，什麼時候最需要家？他們一定會說：生病時。

北京一店的王豔說：

「我來海底撈之前也曾在餐飲做過，但都沒做幾天。我記得很清楚，我是二〇〇五年三月二十四日來到海底撈的。一進門，門迎組的員工上來就主動問我。我那時膽子很小，有點害怕，我說，我來找我哥，他叫晉北春。

「我哥沒來時，一個員工給我端來一碗熱豆漿，我心裡覺得好溫暖。我到過很多地方打工，沒見過像海底撈這樣溫暖的。我哥下來把我引見給大堂經理。她一點架子也沒有，店裡的人都管她叫彭媽。

「記得我有一次生病，病得說不出話來。彭媽半夜知道後，硬把我帶去看醫生。醫生說再晚來一會兒，後果不堪設想。醫院讓住院，彭媽看我有些猶豫就馬上說，小王別擔心，天塌下了有店裡呢。農村娃不容易，我知道你在想什麼，住院押金我都交好了，你好好養病吧。

「我打吊針的時候，彭媽摸著我的手，她的手好涼好涼。那天很冷，她從宿舍出來得急，穿了很少的衣服。我心裡有好多話要說，可是什麼都說不出來。就是想病快點好，好好幹活兒，報答彭媽，報答海底撈。彭媽，你永遠是我的好媽媽。」

這些員工的故事讓我明白了——海底撈原來成了這些背井離鄉打工者的第二個家。人給家幹活兒，自然不偷懶，不計較報酬，還要挖空心思幹好。那些把海底撈員工挖過去的老闆很快就發現，海底撈的員工在他們那兒不好使，原來這些員工在他們那兒沒有找到家的感覺。

敢拼命的楊小麗

海底撈現在有近一萬名員工，唯一的副總經理（總經理是張勇）是一位剛滿三十歲的女將，她叫楊小麗。海底撈出名後，她多了一件煩心事，就是經常接到一些獵頭公司挖她的電話。

我問：「他們挖你的條件一定很優厚吧？」

小麗說：「對，都是百萬以上的年薪外加股份。我跟他們說：不是錢多錢少的問題，你們不要再來電話了，我離開海底撈什麼都不是，我不會離開海底撈的。」

我有點挑戰似的問：「多少錢都不走？」

小麗盯著我的眼睛，說：「黃老師，我說的是真話，海底撈是我家，沒有海底撈就沒有我，我不可能背叛她；再說了，人給家幹活兒和給別人幹活兒能一樣嗎？」

張勇在簡陽創辦海底撈初期，在一個餐館吃飯時，碰上一個非常勤快伶俐的服務員，叫楊小麗。這個小姑娘能引起信奉「顧客是一桌一桌抓來的」張勇的注意，顯然不是一般服務員。張勇問她：「每月在這裡能拿多少錢？」

楊小麗說：「一二〇元。」

張勇說：「去我們那裡吧，我們給一六〇元。」

楊小麗笑著說：「謝謝你，我想想吧。」

十多年後，楊小麗說：「當時簡陽餐館服務員的工資平均價也就是八十或九十元，我因為幹得好，老闆給我一二〇元。因此，我沒把張勇的話當真；再說當時的老闆對我很好，我沒理由跳槽。後來，我們老闆去廣東開店，要帶我走，我因奶奶反對沒能去成。」

楊小麗的奶奶作夢也想不到，她為海底撈輸送了一員大將。

楊小麗家在四川農村。二十世紀九〇年代初，她的兩個哥哥做蜂窩煤生意賺了不少錢，作為老小的她本不應出來打工。可惜，哥哥的生意失敗，欠了一屁股高利債。為幫家裡還債，這個從小是奶奶掌上明珠的小姑娘，來到簡陽縣城幹起了服務員。

老闆關店走了，小麗只有重新找工作。這時她想起張勇曾經說的話，可是已記不起張勇叫什麼名，只記得是一個叫「海什麼」的火鍋店。

於是，楊小麗找到了叫海底撈的火鍋店。一問，工資真是一六〇！楊小麗二話沒說，當上了海底撈的服務員。小麗說，海底撈工資是高，但活兒也是真累。別的餐館忙的時候是快走，在海底撈要小跑。第一個星期下來，差點兒沒累趴下，好在工資高一倍，小麗咬牙堅持了下來！

快過年了，小麗沒有回家的打算，因為往年過年，債主總是擠滿屋子。一天媽媽來到店裡，半年不見，媽媽憔悴不少。小麗趕緊拉媽媽進包間裡問。原來，一個債主今年來得早，把家裡所有值點錢的東西都拿走了。媽媽讓小麗在城裡想想辦法，能不能借八百元錢，否則別的債主打發不了。

中國女人是世界上最優秀的女人，楊小麗毫無疑問是中國女子的先進代表。海底撈每月發工資，錢在她手中從來沒有超過半個小時，就進了海底撈旁邊的郵局。小麗每月只給自己留十元，其餘全部寄給家。

剛剛十八歲的楊小麗，每天幾乎除了上班就是睡覺，只認識一起打工的姐妹。可是人家都要回家過年，去哪兒借這八百元？

女兒真是媽媽的小棉襖，沒辦法的女兒跟著媽媽哭紅了眼。小麗送走媽媽後，張勇知道了此事。他讓公司借給小麗八百元。小麗萬分感激地說：「每月從我工資裡扣吧。」

張勇說：「扣了，你家不還是沒錢？年底再還吧。」

過年了，公司發獎金。楊小麗知道肯定沒自己的事，因為她的獎金要還那八百元借款。可是會計找到她，讓她去領獎金。

小麗不解地問：「我還有獎金？」

會計說：「張大哥說了，你家還債的八百元由公司出，因此，你還有獎金。」

「從此，我就把海底撈當家了，誰要損害公司的利益，我敢跟誰拼命！」不到一米六的楊小麗說。

楊小麗說她敢拼命，此話一點不假。楊小麗十八歲不到進了海底撈，十九歲就成為海底撈第一家店的店經理；二十一歲時，海底撈到西安開店，她被派去西安獨立管理海底撈的西安店。

二十一歲，如果是城裡的獨生女，楊小麗很可能還是衣來伸手、飯來張口的嬌嬌女。可她卻是一百多名員工的店長。一百多人，整整一個連的兵力！真是自古英雄出少年。

然而英雄不是好當的。海底撈做的是餐館生意，餐館裡除了吃飯，就是喝酒，而人喝高了容易出事。國外打架最多的地方是酒吧，中國就是餐館，特別是海底撈這種營業到深夜的餐館。

有時是客人之間打，但東西打壞了讓客人賠，就可能演變成客人同店裡打；而有時則是客人同店裡直接衝突。在中國做餐館，如果沒有遇過打架，那一定是有菩薩保佑！

欺生和嫉妒在許多地方都存在，西安也不例外。有時候純粹是地痞流氓欺負人，有時候一些不地道的同行也會找彆扭，特別是當海底撈的店越做越火的時候，麻煩自然就多起來。

一天，三個喝多了一點的男人同海底撈的服務員吵起來，並且動手連打了兩個女服務員。海底撈的男服務員不幹了，把三個人打了一頓。結果，三個人走時扔了一句話：「你們等著！」

不到三個小時，來了兩輛卡車，跳下六十多條手持棍棒的大漢。條件是：給五萬元賠償；

要不，就砸店！

海底撈馬上撥打一一〇報警，可是一一〇來，要有一段時間，這段時間他們把店砸了怎麼辦？

此時，只有此時，才是考驗真金的時候！楊小麗真是敢拼命的人。她一聲令下，一百多名員工衝出店！男員工在前面，女員工在後面；她，一個不到一米六，二十一歲的小女子，站到了中間。

俗話說得好：凶的怕不要命的！仗勢欺人的人，心總是虛的，那六十多條大漢站在馬路對面，硬沒敢過來！

我問楊小麗：「你當時害不害怕？」

小麗說：「忘了害怕。當時就想一件事，這個店裝修花了那麼多錢，絕不能讓他們砸！」

我又問：「他們過來你們真敢打？」

小麗說：「他們要動手，那就沒辦法了！」

我倒吸了一口冷氣，都說川軍善戰，沒想到川軍的娘子軍更凶。那些人還真識時務。

附近派出所的三個民警先趕到，見到這個陣勢也急了，忙站在中間調解。一會兒，三輛一一〇車響著警笛趕到。對方散了，楊小麗和一些男員工被帶到派出所。

我問：「員警對你凶不凶？」

小麗說：「剛開始凶，後來問我們餐廳誰負責。我說是我。他們看了我的身分證，感到好奇怪，問我們老闆是誰。我說是張勇，在四川，西安我說了算。之後，他們就開始跟我聊天兒了。」

我能想像：那幾個員警一定是讓這個小姑娘給迷住了，忘了正經錄口供。

然而，這還不是楊小麗唯一一次進公安局協助調查。海底撈進入西安十幾年了，共有八家店，楊小麗遇到過很多次打架的事。

小麗跟我講，二〇〇四年海底撈成立十年，有一天她突然接到一個老顧客的短信：祝你娃兒生日快樂。

「我蒙了，我那時不僅沒小孩，而且還沒結婚。看到後面的短信，我哭了。後面的短信是，祝海底撈誕生十周年！

「這句話說出了我同海底撈的關係。真的，在我心中我早已把海底撈當作生命的一部分，我的青春、時光、情感和奮鬥，都跟它分不開了！」

其實，為了海底撈這個家，敢打仗的女孩不只楊小麗。

上海五店的趙蒙說：

「我來五店有半年多了，曾聽說店裡打過幾次架，但我總覺得打架跟女孩子沾不上邊。可是，我錯了。

「那天我值夜班。早上五點鐘，天快亮了，大廳只有兩三桌客人。突然二十八號桌的客人摔起了杯子。我當時心裡有點兒火，雖說杯子不是很值錢，但也是我們用汗水換來的。服務不好，可以提意見嘛！但轉念一想，也許他們喝醉了，只要不是故意鬧事就好。看他們已經買單，我心裡的緊張漸漸消失了。

「可是他們走到電梯口時卻突然對我們同事動起手來，並且摔我們的發票機。我們幾個女孩什麼也不顧了，衝向電梯口跟他們搏鬥，但是他們人多，還是男的，我們打不過他們。他們看我們慘敗的樣子，露出囂張的奸笑，那是我見到的最醜陋的男人面孔。當他們要走的時候，我們又衝上去，死死扭住他們一個。當員警和我們男生從宿舍趕來後，他們最終賠了我們七千元。雖然只有七千元，但也是我們努力追回來的一點損失。

「仗打完後一片慘狀，看著同事頭上的傷和地下的血，我很奇怪我第一次打架怎麼沒有一絲恐懼。此刻，我突然明白了，因為我已融入這個海氏大家庭，把自己當成家庭的一員，所以在危險的時刻，沒有逃避退縮。」

背井離鄉的農民工，在城裡找到第二個家不容易；為這個家他們都敢拼命，何況多幹點活兒了！

人不僅需要吃和愛

孟子說：「食而弗愛，豕交之也；愛而不敬，獸畜之也。」用今天的話說就是，「養而不愛，是養豬；愛而不敬，是養狗。」

人呢？最難養，只給吃和愛還不夠，人還需要尊敬。

什麼是對人的尊敬？見老闆鞠躬給領導鼓掌？那不是對人的尊敬，那是對地位和權力的尊敬。對人的尊敬是信任。

信任你的操守，就不會把你當賊防；信任你的能力，就會把重要的事情委託給你，這才是對人的尊敬！人被信任了，就有了責任感；於是，士為知己者死，才能把公司的事當成家裡的事。

在海底撈，員工不僅比其他餐館吃得好、住得好，還能得到公司的信任。

把員工當成家人，就要像家人那樣信任員工。信任不是說出來的，而是做出來的。信任的唯一標誌就是授權。如果你親姐代你去買菜買肉，你還會再派一個人跟著去監督嗎？

當然不會，所以張勇在公司的簽字權是一百萬以上；一百萬以下是由副總、財務總監和大區經理負責；大宗採購部長、工程部長和小區經理有三十萬元的簽字權；店長有三萬元的簽字權，這種放心大膽的授權在民營企業實屬少見。

如果張勇對管理層的授權讓人吃驚，他對一線員工的信任更讓同行匪夷所思。海底撈一線的普通員工有給客人先斬後奏的打折和免單權。不論什麼原因，只要員工認為有必要都可以給客人免一個菜或加一個菜，甚至免一餐。這等於海底撈的服務員都是經理，因為這種權力在所有餐館都是經理才有的。

二〇〇九年春天，我把張勇請到北京大學給MBA學生講課，一個學生問張勇：「如果每個服務員都有免單權，會不會有人濫用權力給自己的親戚朋友們免單？」

張勇反問那個學生：「如果我給了你這個權力，你會嗎？」

整個課堂二百多個學生，一下子鴉雀無聲。

是呀，捫心自問：你忍心辜負這樣的信任嗎？

其實，每個人心裡都有一塊芳草地，絕大多數人都會知恩圖報，不願辜負別人的信任。

做過服務員的張勇明白：要讓員工的大腦起作用，還必須給他們權力。因為客人從進店到離店始終是跟服務員在打交道，任何餐館客人的滿意度其實都握在一線員工的手裡。如果客人對服務不滿意了，還要通過經理來解決，這個解決問題的過程本身又會增加顧客的不滿意。

因為人在等候懸而未決的事情時，心裡總是焦慮的。所以把解決問題的權力放在一線員工手裡，才能最大限度消除服務中的不滿意。更關鍵的是，每桌客人的喜好只有服務員最清楚，只有服務員才能一桌一桌地感動客人。

西安海底撈店的小李，談到她使用授權的經歷時說：「一個顧客從洗手間出來，由於我個子低，接菜的時候把鴨血灑在客人身上，客人很不高興。我馬上找來乾淨的工服讓客人換上，要把客人衣服送到乾洗店加急乾洗。客人看我急成那樣，就說：看你態度這麼誠懇，算了吧。我給客人擦乾淨後，看客人喜歡吃炸乾饃，就送了一份乾饃給客人。客人走時很滿意。」

我問小李：「你要給客人乾洗，乾洗費店裡能出嗎？」

小李說：「我當時沒想，但我知道肯定能出，至少店裡出一部分，我自己承擔一部分。」

西安海底撈二店配料房的小馬說：「因為工作失誤，我把客人要的大份豬蹄配成小份豬蹄，客人發現後不滿意。我一看單子，是我疏忽了，馬上給客人上了一份大的豬蹄，並自己端過去跟客人承認錯誤。等客人快吃完時，我又特意要了一份香蕉酥，送給客人吃，再次希望客人能原諒我的過錯。」

上海三店新員工小李說：「我上班第二天，客人剛吃就在火鍋裡發現兩根頭髮，我嚇壞了，馬上給客人換上新火鍋，並送給客人兩份拉麵，客人沒發脾氣。」

北京三店的王歡說：「我上個月是這樣抓到一桌客人的，他們是四個大人兩個小孩，六點鐘吃飯，他們其中一個人五點就來等位。人來齊了，他們點了很多菜，我估計他們肯定吃不完，可是當時很忙，我忘了告訴他可以點半份菜。可是鍋子上來了，我看客人等了那麼久一定很餓，就沒有讓他們重新點菜。但是我把單子交給廚房時，把他們點的肉類菜都換成一份或半份。等菜上齊的時候，我問他們夠不夠，他們說夠了。於是，我跟他們解釋，那些肉菜給他們減了分量，他們很高興。」

海底撈有沒有濫用這種授權的員工？有，但只是極少數。

聰明的張勇是個抓西瓜、丟芝麻的人，他沒有像大多數企業那樣，為了杜絕少數極端自私和道德不端之人的做法，而放棄對絕大多數員工的信任。他知道海底撈的服務差異化掌握在每一個員工的手裡，如果沒有對基層員工的大面積授權，怎麼可能一桌桌地抓到客人？

當然，權力不論大小，沒有制約都會被濫用，哪怕是極少數人的濫用，得不到有效的制止，也會形成風氣。

海底撈是如何監控這種員工被大面積授權的？那就是海底撈特殊的幹部選拔制度：除了工程總監和財務總監之外，海底撈的所有幹部都必須從一線服務員做起。這條晉升政策甚至極端到包括廚師長在內，原因是不論你的廚藝多麼好，沒有親自服務過客人，就不知道服務員需要什麼樣的後廚支援。

像張勇、楊小麗一樣，管理二千多名員工的北京大區總經理袁華強，也是從門童、服務員一路做起來的。至今他還驕傲地說：「我是一流服務員，我一個人可以同時服務四張台。我眼睛掃一圈，就基本知道客人需要什麼。」

這樣的管理者對什麼時候必須用免單這種極端方式讓客人滿意太清楚了。因此，有心作弊的員工能騙過他們一次，但不可能逃過第二次？英國有句諺語，「只有傻子才能讓你騙兩次」。

除了有效的監督之外，人的自律也使海底撈員工的免單權沒有大面積被濫用。人都有邪惡和正義兩重性，生存環境使他們不自覺地把這兩重性表現出來。

孟子說：君之視臣如手足，則臣視君如腹心；君之視臣如犬馬，則臣視君如國人；君之視臣如土芥，則臣視君如寇仇。海底撈把員工視為姐妹手足，員工自然把海底撈當做心肝來呵護。我估計那些被員工偷垮了的餐館，員工在那裡很可能受到了土芥般的輕視。將心比心，如果你既感激這個公司，又珍惜這份工作，多少錢才能讓你背叛？

並不是所有人都值得信任

權力沒有監督一定會被濫用。其實，權力有監督也會被濫用，只不過濫用的程度不同。海底撈也有濫用權力的員工。

當海底撈賦予服務員給客人免單權的同時，就意味著公司必須要承擔極少數有劣跡的員工濫用權力的風險；同時，還必須承擔當少數人的濫用得不到制止時，權力就有可能大面積被濫用的風險。因此，海底撈這種劍走偏鋒的管理方法，無疑對海底撈的管理流程、監察制度和員工素質提出了更高的要求。

濫用權力的員工一個最通常的做法就是「吃單」。吃單有很多形式，比如，下館子的人有相當一部分不會仔細審單，特別是公款請客；加之，吃火鍋點的菜又多，即使是審單，往往也審不清楚。於是，有些服務員就把客人沒有吃的菜加上，然後把菜再退回廚房。請記住，海底撈是允許把客人沒有動過的，但已端上桌子的某些菜退回去。可是菜退回去了，錢應該退給客人才對，可是有些服務員把錢退進了自己的口袋！

也有的服務員跟收銀說，由於什麼什麼原因，他給客人免一個菜，可是他向客人收的卻是全款，他把免單的菜錢「吃」了。

還有，腦袋比較笨的作弊者，直接趁著晚餐用餐人多，結帳來不及同後廚對單的漏洞，把客人沒退的菜直接說成退了，然後，把退的菜錢自己吞了。

另外，海底撈的服務經常能感動沒有給小費習慣的中國消費者，結帳時留下一些零錢，於是，也有人把客人不要的零頭，揣進了自己的腰包。

正是由於上述這些漏洞難控制，所以那些學海底撈的餐館還是始終把免單權按照傳統做法，交由少數高層管理人員行使。這樣做的好處自然是避免了這種漏洞，但壞處是，他們的員工也沒了海底撈員工的激勵。

有上述行為的員工雖說是極少數，但抓不住就有可能變成大多數人的行為！於是，海底撈的挑戰就是，怎麼才能把這些害群之馬挖出來？

我問曾是海底撈最年輕店長的林憶：「你是怎麼防範有人吃單的？」

今年才二十五歲的林憶，面對這個問題非常胸有成竹，她說：「對海底撈的幹部來說，這是最基本的控制問題。否則，一旦形成風氣，海底撈將不是海底撈。我們有一整套很成熟的系統：首先，海底撈員工的主體是向上的，是相信用雙手改變命運，把海底撈當成家的；家好了，自己自然就好了。因此，即使有人想這麼做，他也會顧及被同事發現。另外，我們有為舉報人保密和獎勵舉報人的制度。我們這些服務員都是剛走入社會打工的青年，不是江洋大盜，做一點虧心事，臉上就不自然，因此，同事很容易發現。我們也有一套非常成熟的監察流程制度，比如這個店對不上單的情況超出正常範圍，那一定是有人吃單了，於是，管理人員排查一遍，差不多就八九不離十，剩下的事就是舉證了。」

我問：「你們還舉證？」

小林憶說：「當然要舉證了，我們這些服務員都是年輕人，如果冤枉了人家，人家想不通，就可能要出事。所以，我們對證據問題非常重視。比如，前年我下面的一個優秀員工就曾被人舉報吃單，我怎麼也沒有想到他會幹這種事。於是，我啟動舉證程序，找了兩個朋友試他兩次。結果，他真的把一份客人退了的肥牛錢——四十元『吃』了。於是，我非常非常難受地把他解雇了。半年後，他還打電話給我，要回來上班。我跟他說，你觸犯的是公司的高壓線，沒有任何挽回的餘地。你以後在別的地方，一定要改掉這個毛病，我會替你保密的。」

我問林憶：「你為什麼還對他這麼好，這樣鼓勵和安慰他？」

「我相信很多人是因為年輕，一時糊塗禁不住誘惑才這樣做的。如果炒了他，還不給他一點精神上的關懷，他就沒希望了。」林憶毫不思考地回答我。

這個來自陝西農村、只讀過初中的小女子，又一次向我驗證了：「讓人成熟的不是歲月，而是經歷！」我跟林憶說：「我一定請你講一堂如何激勵大多數人努力工作，同時又防範少數人濫用權力的課。」

我又問：「幹這種事的是男孩子多，還是女孩子多？」

林憶哈哈笑了，說：「當然是男員工多。男的膽大，好走捷徑。舉個例子，我們有一個男員工，收了客人一千元的買單錢，乾脆沒有交給收銀，自己回到宿舍，收拾好東西跑了。不過也有女孩子犯這個毛病。去年，有一個女員工，也『吃』了單。我一跟她談，她就承認了。她哭著跟我說，是弟弟正在讀大學，缺錢。我跟她說，你缺錢可以向公司借，但不能做這樣的事。考慮她是大學畢業生，我給了她一次機會。可是，不久她在宿舍又偷同屋的錢，人家把錢做了記號，當場翻出來！因此我們只能把她辭退。辭退時，她都崩潰了，在宿舍裹在被裡要自殺，鬧了整整兩天。我們派人看著，最後把她家長請來，她才走。」

人多，素質低的人的絕對數量也就多。

海底撈現在有一萬多員工，如果按照這個收客人錢就跑和那個女大學畢業生的道德水準和法律意識設計管理制度，海底撈怎麼可能為員工授權？

無人看管的麵包圈

我同幾個餐館老闆聊天，他們說海底撈的方法，除了員工的免單權之外，其他都容易學。有個老闆說：「別說普通員工，花三十萬請的大廚，我都不放心。有一次我有病住院，魚翅沒貨了，讓他去訂。結果只一次，他就吃了一萬元的回扣！」

為什麼張勇不怕員工假公濟私？因為他對人的假設同這幾個老闆不一樣。他認為大多數人是有道德自律的，所以濫用權力的是少數；如果監控得法，濫用的人就更少。因此，授權就利大於弊，因為大多數員工感到信任，受到激勵，工作會更努力，處理客人投訴會更有效，顧客滿意率也就更高。

張勇對人性樂觀的假設，恰恰被一位美國的經濟學家，保羅．費德曼的研究得到證實。他的研究結果被《魔鬼經濟學》一書收錄其中，因此廣為人知。保羅．費德曼曾經領導一個研究所為美國海軍分析武器開支。這個研究所的收入來源於各種各樣的研究項目。每拿到一份研究合同，費德曼總會買點兒麵包圈讓大家吃，當作一種獎勵。

後來費德曼漸漸養成了習慣，每到星期五都會買一筐麵包圈放在辦公室讓大家吃。辦公樓裡其他單位的員工知道了，有事沒事也都過來拿幾個麵包圈，筐很快就見底了。費德曼下回只好多買些，最多的時候，一周買來一百多個麵包圈。

為了收回麵包圈的成本，他在麵包筐旁放了一個裝錢的籃子，上面標有價格。結果這個沒人看守的收款籃收回了九十五％的麵包錢。費德曼感到很高興，認為自己驗證了人們的道德自律。至於沒有收回的五％，他相信只不過是有些人一時疏忽，或沒有零錢才沒有付錢。

後來，費德曼決定辭掉研究所的研究職務，專門賣麵包圈。費德曼開著車專門給辦公樓送麵包圈。一大早，他將麵包圈和一個用來裝現金的籃子放在不同公司的茶水間，等到午餐後再回來取錢和剩下的麵包圈。

他的經濟學家朋友們都認為他瘋了，因為根據「經濟人」的說法，人們肯定會把大部分麵包圈偷走，他會賠得傾家蕩產。可是費德曼卻很有信心，按照自己的方法做了下去。出乎朋友們意料的是，儘管費德曼收回的錢沒有在研究所裡的多，可是也能達到八十七％的比例。幾年間，費德曼每周將八千四百個麵包圈送到一百四十家公司，他賺的錢和原來當研究員時一樣多。

賣麵包圈的同時費德曼也不忘自己的經濟學家本行，他把自己的生意當作經濟學實驗，詳細記錄下每一份資料。費德曼發現，通過測算實際收到的錢和應該收到的錢之間的差額，他可以很好地考查不同顧客的誠實度。

人們會偷麵包圈嗎

是什麼因素決定了有些人白拿、有些人付錢、有些公司的人比別的公司的人誠實？

資料表明，小公司的人要比大公司的人誠實。一個只有幾十名員工的小公司付錢率通常比幾百人的大公司高出三到五個百分點。這有些出乎費德曼的意料，因為他覺得越大的公司就會有越多的人圍攏在麵包籃子旁，也就有更多的目擊者促使你把錢扔進錢箱。

然而事實卻不是這樣。在較小的團體裡，你如果做了一件不起眼兒的小事，馬上就會人盡皆知，所以人們謹言慎行。而在一個大公司裡，即使你拿了麵包圈不給錢，誰又知道你是誰呢？這個道理也可以套用到社會上。農村的犯罪率要遠低於城市，這在很大程度上是因為，在農村犯罪會更容易讓鄉親們知道，這就是環境對人們的道德所造成的影響。

海底撈允許同鄉、朋友和親戚在一起工作，這恰恰加強了員工的道德自律性。

基於觀察，費德曼還認為士氣是一個非常重要的因素。一個熱愛工作、喜歡老闆的員工會更誠實。

毫無疑問，海底撈讓員工有家的感覺，令員工士氣高昂，濫用權力的員工自然少。

至於在一個公司內部，費德曼則相信級別越高的人，發生白吃現象的越多。他曾經長期向一家佔據在三個樓層的公司送麵包。其中位於頂層的是管理層，樓下兩層是銷售、服務和行政的一般雇員。樓下收錢的比例明顯比樓上高。費德曼猜想，因為這些高層管理人員具有過分的控制欲，所以容易發生不誠實的行為。不過有人刻薄地說，也許不誠實正是這些人擠進管理層的原因。

資料同時反映出個人的心情也會影響誠實度。比如說天氣就是一個主要因素。好天氣能讓人們付個好價錢。壞天氣，比如颳風下雨時，人們則白拿的多。

這一點又符合了海底撈的情況，在海底撈工作，服務員容易有好心情，因為絕大多數的客人都會對海底撈的服務表示讚賞，任何人受到讚賞，心情都會好。

最有趣的是節日也會影響人們付錢，有些節日讓人變壞，有些節日則讓人學好。耶誕節前一周的付款百分比下降了二%，感恩節也不好，情人節也不怎麼樣。好的節日是七月四日（美國獨立日）、勞動節、哥倫布日。「九．一一」周年，人們表現得也相當不錯。為什麼不同的節日，人們的表現不同　費德曼發現，偷竊較少的節日是那些令人產生集體榮譽感的日子。偷竊較多的節日則是那些充滿了焦慮和對所愛的人滿懷期待的日子。

影響人們誠實的因素有環境方面的，也有情緒方面的，但是讓費德曼最為興奮的不是他發現了人們為什麼不誠實，而是在利益誘惑下人們仍然能夠保持誠實。儘管有些人從他那兒偷麵包，但絕大多數人即使在沒有其他人在場時，或者陰天下雨、耶誕節的時候也沒有白吃。

古希臘哲學家蘇格拉底的學生格勞康曾經描述過這樣一個故事：有一個正直淳樸的牧羊人

在地洞裡獲得了一枚巨人的戒指，從此具有了隱身的能力。原本誠實的牧羊人偷竊了珠寶，引誘了王后，殺死了國王。故事提出了一個道德問題：人是否都能抵擋誘惑，尤其是當他知道這些行為不會為人所發覺的時候

費德曼找到了答案，人們可以做到誠實。至少在麵包圈問題上，他有八十七%的把握。

張勇用海底撈的實踐，證實了費德曼的理論。至少海底撈的上萬名員工作為一個整體，沒有濫用授予他們的權力。

任何管理都需要激勵與監控；不同的管理方式，源於對人性的不同假設。在現實中，每個管理者都會根據自己對人性的判斷，選擇胡蘿蔔多一些，還是大棒多一些。

好的管理一定是激勵為主，監控為輔，這樣才能讓大部分員工感到被信任。人被信任了，就會「士為知己者死」，管理就事半功倍。

壞的管理一定是監控為主，激勵為輔，用防賊的方式監控員工。人被看低了，士氣自然就低，管理就事倍功半。

羅馬天主教教會的管理效率最高，總主教同教徒之間，只有兩個管理階層，地區主教和教堂神甫。因為教會的管理者們相信，源於對上帝的敬畏，絕大多數教徒的道德自律性較高。

監獄的管理效率最低，因為監獄管理者相信絕大多數罪犯都是道德自律最差的人，必須二十四小時監控。一個美國罪犯每年的平均管理成本是五萬美元，這等於一個美國中產階級家

庭的全年稅後收入的一點五倍。

信任讓人笑

對員工信任的唯一標誌是授權。很多公司用上百萬的年薪挖來職業經理人當總經理，可是這個總經理連五萬元的簽單權都沒有，這叫什麼信任？相反，海底撈的普通服務員有給客人免單的權力，這才叫真信任。人有權，才有膽；有膽，才不怕犯錯；不怕犯錯，才能創新。

聰明的管理者能讓員工的大腦為他工作，當一個員工不僅僅是上級命令的執行者時，他就是一個管理者了。海底撈對員工的授權，等於讓人人成了管理者，海底撈其實是由一萬個管理者組成的公司！

如果把員工的心留下，再把權力交給員工，員工的腦袋就開始創造了。這就是海底撈創造出那樣多「變態」服務的根本原因。

張勇跟我說：「創新在海底撈不是刻意推行的，我們只是努力創造讓員工願意工作的環境，結果創新就不斷湧出來了。沒想到這就是創新。後來公司大了，當我們試圖把創新用制度進行考核時，真正的創新反而少了。因為創新不是想創就能創出來的，考核創新本身就是假設員工沒有創新的能力和欲望，這是不信任的表現。」

海底撈員工的收入和地位肯定不如五星級酒店，可是他們比五星級酒店的員工要幸福，至少是在工作的時候。為什麼？因為他們的笑容要比五星級酒店的員工真誠。

心理學告訴我們，真笑來自於內心，人不幸福，不可能真笑。

我們在研究海底撈案例時發現，這種真笑同海底撈對員工的授權有直接關係。中國的服務員社會地位低下，服務出錯，往往會引起客人發脾氣，甚至遭到謾罵。可是如果服務員能馬上用實際行動——免個菜，打個折，表示歉意，正常人都是不打笑臉人的。少挨人罵，自然就高興。

笑能傳染。海底撈服務員的笑感染了不習慣笑和不習慣友善對待服務員的顧客。幾乎所有海底撈的顧客都能感到自己笑得多起來，對海底撈服務員的態度也比對別的餐館服務員要好一些。顧客的友善對服務員是精神回報，因此，海底撈的服務員得到了顧客的鼓勵，笑得不僅更多更甜，對顧客的服務也越來越體貼入微和花樣翻新。

北京五店服務員劉紅利發現一個顧客的小孩穿著旱冰鞋，上洗手間時沒招兒了。正當他和爸爸著急時，小劉從更衣室給他找出一雙員工鞋換上。小孩從廁所裡出來，提著褲子笑了，穿著那雙工鞋不願意脫下來。

一家客人帶著殘疾孩子來吃火鍋。劉紅利看大人邊涮火鍋邊餵孩子忙不過來，就主動幫他們餵殘疾孩子。餐後，他們一定要讓劉紅利去家裡作客。

北京三店客戶經理吳功瓊，發現一個顧客從吧台經過時不小心把腳崴了，她馬上找來凳子，讓客人坐下，並找來白酒用火燒著了，用手沾著酒給客人揉腳，客人很感動。

西安四店門迎哥王英，發現一家客人等座時小孩鬧著不吃火鍋，要吃餛飩，就主動跑到外面買來一碗餛飩，送給小孩吃，小孩吃完還要吃火鍋，結果全家大喜。

北京六店領班馬濤得知客人張姐的母親在協和醫院住院，客人很想買海底撈的三鮮湯給母親燉東西，但考慮家離醫院較遠很猶豫。張濤主動要求明天把燉好的湯給客人母親送到醫院。第二天她熬好湯還特意帶上水果去協和醫院看張姐母親，當時病房的其他病人和親屬，都喝了海底撈的三鮮湯。

焦作店一位老爺爺腿腳不靈活，吃完火鍋想去廁所，門迎趙明星和保安梅偉把老爺爺背到洗手間。老爺爺回到包間後，告訴他兒子和媳婦，你們以後要吃火鍋不許到別的店。

北京六店領班彭梅，無意中看到客人桌上的結婚請柬，得知客人是十二月十二日結婚，當天她特意買了玫瑰花給客人送去，客人和親朋好友都感到太意外了！

西安四店服務員鄭娜在接待一桌客人時發現他們是給一位孕婦過生日，她馬上讓後堂按自己家鄉的傳統給孕婦準備了一個生日禮物：蘋果、蓮子、花生、大棗各兩個，還有一幅寶寶畫。

北京五店的黃小蓉，做得更出位，她利用自己的假期，花自己的錢，為一個生小孩的顧客送營養品。她坐了兩個小時的公車，到了顧客住的軍區大院，軍區大院管理得很嚴，她在門口等了一個小時才把營養品送給顧客。

我問她：「這個顧客你服務了幾次？」

她說：「她懷孕時來吃飯，我就服務過一次。當時我跟她說，你生小孩時我去看你。如果我不去，她就會想是海底撈失信於她。顧客很驚訝，她問我路上用了多少時間，我說就一個小時。我給他帶了海底撈的兩袋底料和自己買的一盒補血的營養品，一共花了一百多元。」

西安一店李巧玲跟我說：

「我來海底撈四年了，從來沒有像十月十八日下午那麼傷心。晚上七點二十分左右，來了一位叔叔說要訂第二天晚上六點半的包廂。我跟他說現在都訂滿了，他就生氣了，問訂十天以後的有沒有位？我跟叔叔說，您明天來找我，我一定會給您插空安排。但他不聽，一直罵我混蛋。他一邊罵我，我一邊跟他解釋。可他卻讓我滾開。我說，您既然來了，就是海底撈的客人。我把自己的名字和電話寫在名片上給他，他扔到地上；我撿起來又跟他來到馬路上，他才收了我的名片，卻說第二天他不會來。那天晚上我難受了一夜。

「沒想到，第二天那個叔叔來了，他特意走到二樓跟我說：『今天我來想跟你說一下，我昨天特別生氣，可是看你跟著我這麼遠，我今天就來了。』」

什麼是創新？別人罵你，你還管他叫叔叔就是創新！

服務員包丹發現吃火鍋時手機容易弄髒，就想出用一個專用的小塑膠袋把手機套上，此發明已成為中國高檔火鍋店的必備用具。

馮伯英發明了豆花架；蔣恩伯發明了方便上菜的萬能架；曾長河發明了小酒精爐；李力安發明了給小孩使用的隔熱碗；陳剛發明了切割豆花的工具，可以一次將豆花分成三十五塊；胡明珠提出在門口等座區安裝插座，讓騎電動車的顧客在等候期間充電；擦鞋員張春風在擦鞋處準備五〇二膠，以便修女顧客的涼鞋；吳用剛提出在洗漱處準備一次性牙刷……

上面這些一個個雞毛蒜皮的創新，就是海底撈員工每天做的一件件小事。獨立看起來，它們都微不足道。可是一萬個腦袋要是天天想著做這些事，如果你是同行，你怎麼跟海底撈競爭?!

「獎盃車」

如果說信任能讓海底撈普通員工做出一點一滴「雞毛蒜皮」的創新，那麼信任可以說讓海底撈的幹部大鬧天宮了。

二十一歲的楊小麗一九九九年被張勇派到西安海底撈店獨立當店長。一個農村女娃第一次到大城市張勇不放心，親自把她送到西安。經過行人高架橋時，看著鱗次櫛比的大樓和眼花繚亂的車龍，張勇情不自禁地說，將來我們要是有錢能買一輛車，帶著員工們到全國各地看看該有多好。

此時，恰巧一輛金杯麵包車從橋下經過，楊小麗一下子就記住了她一生中的第一個汽車標識。儘管她不知道那輛車的品牌叫金杯，但她牢牢記住了那個獎盃的樣子。

不到兩年，海底撈在西安火了。西安海底撈店賺到錢後，楊小麗第一件事就去買了一輛金杯車。車買回後，她興奮地給張勇打電話說，張大哥，我們終於有車了，我們買了一輛獎盃車！

張勇有些糊塗，什麼獎盃車？聽著聽著才明白，原來是西安海底撈店買車了。那是楊小麗作為海底撈的一個店長（其實當時海底撈一共才三家店），在自己的許可權內，竟然沒有諮詢老闆張勇的意見，就給西安海底撈店購置了當時最大的固定資產。

這件事讓人感覺張勇的性格中有些與常人不一樣的東西，一個男人，自己的公司添置汽車，竟然讓手下一個根本不懂汽車的小姑娘就這麼決定了。

然而，信任是把雙刃劍，用得好，能讓人飛起來；用得不好，能把人壓垮。楊小麗就差點兒沒被張勇這種信任給壓垮。

十多年過後，楊小麗回憶起那個階段顯得平靜和老練，她說：「海底撈剛在西安開店，沒人知道海底撈。大門打開，硬是沒客人來，我真急死了。整整半年的時間，我天天待在店裡，每天睡覺不到六個小時，體重降到不足四十公斤。那種滋味真是難受，看著街上的人，我恨不得把穿戴不像農民工的人都拉進店裡。」

楊小麗看我愣了一下，解釋說：「火鍋便宜呀，除了農民工，城裡人都能吃得起火鍋。除了沒錢做廣告外，我們什麼辦法都試過了，包括到街上貼小廣告。」

我心裡一笑，楊小麗絕對是行銷中散打流派的代表！

小麗接著說：「我們的員工幾乎都是農村來的，以為電線杆上那些辦證、開發票、治性病的小廣告可以隨便貼，所以我就帶著幾個服務員也去貼小廣告來宣傳海底撈。第一天沒事，第二天城管就把我們正在街上貼的兩個姑娘抓回了餐館。」

「一張小廣告，罰款二十元。」城管說。

我一看他們倆手裡拿著三十多張我們的小廣告——要罰六百多！我嚇傻了。此時，還有三個姑娘正在外面貼呢，如果都給抓住，餐館就要被罰黃了！我跟城管說：「我們僅開張三天，只做了三桌生意，沒有那麼多錢？」

「那就罰一半，按十元錢一張罰！」城管說。

我把收銀機打開，說：「別說十元，就是一元一張我們也罰不起，不信你看看，就這麼點錢。」

看著這個拒不繳罰款、兩眼瞪得大大的四川小姑娘，兩個城管走進櫃檯裡，把營業執照從牆上摘下來，說：「把罰款湊齊，去城管所拿營業執照。」

我問楊小麗：「你為什麼不少交一點？」

小麗說：「捨不得，再說滿街都是小廣告，為什麼只罰我們，還不是看我們外地人好欺負?!」

人小鬼大的楊小麗乾脆就沒去城管，她去了工商局，要補辦一個營業執照。可是很少有丟營業執照的，工商局問：「你的營業執照呢？」

「讓城管給沒收了！」楊小麗只得坦白。

工商局說：「城管沒有權力沒收營業執照，只有我們才有吊銷執照的權力。不能補，你找城管去要吧。」

楊小麗沒招兒了，帶上兩個服務員來到城管所，求人家說：「請把執照還給我們吧！老闆讓我管店，結果生意沒做好，還把執照看丟了。你不給執照，我們就沒飯碗了。」說著說著，楊小麗哭了，兩個服務員也跟她抹眼淚。

我問小麗：「你真哭了？」

小麗說：「是，也不知道為什麼，說著說著就委屈了。可能是遠在他鄉，生意不好壓力大，還覺得受人欺負。」

城管說：「你們至少要交一部分罰款，才能給你們執照呀。」

小麗說：「我們真是交不起。再說，人家工商局說了，你們沒權力沒收執照。你要不給，我們就不走。」

四個小時過去了，城管的一個科長看這三個哭天抹淚的姑娘既不繳罰款，也沒有離開的意思，就說：「算啦，看你們是第一次，把執照給你們吧。我順便去你們店看看，為什麼你們的火鍋那麼好吃還沒生意！」

原來小麗她們待在城管辦公室的四個小時裡，哭著哭著開始拉上了客戶，把剛剛開業的海底撈描繪成西安最好吃的火鍋。結果，惹得科長非要去嘗嘗不可！

小麗說：「那就是我們當時的工作狀態，晚上說夢話都是：姐姐，我們這裡新開了一家四川火鍋店，叫海底撈，請來嘗嘗吧！」

楊小麗三個人抱著執照帶著城管科長往餐館走，走了三十多分鐘才到餐館，城管科長一路聽她們不停地說著奉承話和感謝話，到了門口才回了一句：「知道這麼遠，還不如坐車了。」

原來三個沒有坐車習慣的姑娘，高興得竟忘了請人家吃飯，應該坐車才對。

做人的最高境界是無我，做事的最高境界是忘我。那時的楊小麗，一定是忘我了。

青出於藍

貼小廣告不行，楊小麗就和員工們用送豆漿的方式宣傳海底撈，他們把豆漿用暖壺裝上，去附近單位挨家挨戶送給人家喝：上下班時，也去公共汽車站送。

小麗說：「誰賞臉喝我們一杯免費的豆漿，我們都很感激，因為很多單位連門都不讓我們進。」

可是偌大的西安不缺一個火鍋店，海底撈在西安的第一家店苦苦撐了幾個月，客人仍然不飽和。

一天，楊小麗坐公車，看旁邊有兩個打扮入時的婦女，估計她們應該愛吃火鍋，所以一路上就想跟她們說，來海底撈嘗嘗吧。可是實在不好意思，張不開口。

楊小麗說：「我臉憋得通紅，到站竟忘了下車。一看過站了，再不說就更虧了，我終於跟人家說了。那是我第一次在公車上給海底撈抓顧客！」

我問：「你怎麼說的？」

小麗說：「我叫她們姐姐。她們剛開始眉毛都豎起來了，以為我是搞傳銷的或是騙子。我說，我們是四川來的，開了一家火鍋店叫海底撈，味道挺好的，價錢也公道，請她們過去嘗嘗，然後把我們的位址和電話給了他們。」

「她們來了嗎？」我又問。

「她們第三天真來了，我高興死了！從此，我就不怕上街抓客人了。現在抓顧客的文化已融在海底撈人的血液裡，因為海底撈創辦初期沒錢做廣告，所有顧客都是這樣一桌一桌硬抓來的。我們對面是一家很有名的老字型大小火鍋店，吃飯時客人都去他們那裡；他們那裡沒座了，才有可能輪到我們。

「有一天中午，我們店還有一張台空著。我看到對面一輛車停下來，下來三個人正往他們家走。我就跟一個服務員說，咱倆過去，看看能不能把他們拉過來。我倆跑過去，好說歹說，連拉帶扯把他們拉進我們店。結果一問，他們就是我們旁邊石油公司的。從此，他們就成了我們的常客了。」

望著眼前這位有過這樣經歷的姑娘，我不能不肅然起敬。真是青出於藍而勝於藍！她的老闆張勇宣傳海底撈時還需要找點藉口，比如，海底撈在簡陽剛開店時，張勇故意拿些零錢去銀行存錢，在辦理存錢業務時，趁機跟人家介紹海底撈。而她，一個二十一歲的農村姑娘，在西安的公車和大街上竟然直搗龍門為海底撈抓客戶！

楊小麗看我有點走神。這個閱人無數的女子馬上把我拉回來，她說：「黃老師，你說這樣費勁拉來的客人，我們怎麼可能不把人家服務好？」

我精神一振，馬上說：「那是必須的。」

小麗又說：「在海底撈做久了的人都養成了揣摩人的心理習慣。不出幾句話，我們就能知道客人之間是什麼關係。是公事宴請，還是朋友聚會；誰請誰，誰是主要人物。

「一天，我們一個服務員為一對剛談戀愛的客人服務時，看出那男孩正在拼命追女孩。女孩順口說了一句，天真熱，要是能吃涼糕多好。服務員跟我說後，我讓她搭著計程車去給他們買回涼糕。結果，這對戀人結婚時還專門給我們送來喜糖。」

經營好一個飯館需要的不僅是顧客，還需要好的管理。

餐廳的採購永遠是大難題。西安海底撈遠離四川，西安店必須獨立負責採購。火鍋店的原材料採購極為複雜，蔬菜、副食、海鮮、肉類，不僅種類繁多價錢常變，而且都是個體供貨。如何買到品質好、價錢適中的原材料是所有餐廳老闆最頭痛的問題。很多餐廳做不大的原因之一，就是老闆不敢把採購權交給外人，因為這種採購太難控制。採購人員可能僅僅為了一包好煙，而給你買回一堆吃得下但不新鮮的蔬菜。

一個正規火鍋店的採購量不僅巨大，而且繁雜。作為店長的楊小麗再不放心，也要授權別人去採購。這個才二十一歲的姑娘，雖然沒有讀過很多書，但十八歲就在餐廳打工的她深深理解：疑人可以不用，但用人不可不疑的道理。

當海底撈優秀服務員被晉升做採購工作時，公司都會大幅提高他們的工資，同時也會明確告知他們：「公司會用各種各樣的方法經常調查你是否吃回扣；如果一旦發現吃回扣，哪怕是一斤肉，你都要被立即辭退，而且沒有任何補償。」

可是怎麼調查採購員的職業操守？一年冬天，楊小麗為了檢查一個採購人員的採購工作，特意買了一套大棉袍，把自己從頭到腳打扮成一個老太太，在菜市場跟著這名採購人員買菜。

他買什麼，她也裝著買什麼。她不僅把每斤菜的單價記下來，還觀察他同小販的關係，然後，回到公司核對採購人員的報銷。

逢年過節，她還故意以某些供應商的名義，給採購人員送禮、送紅包，甚至向採購人員要銀行卡號。一次，她親自提拔並且非常信任的一個採購人員，收了她的「禮」沒有及時上交。她馬上組織採購人員開會，重申採購人員紀律——二十四小時收到供應商的禮品不上繳，就屬貪污！結果二十四小時過去了，那個採購人員真的沒上交。

楊小麗說：「開除他，讓我難過好幾天。他真是一個採購好手，公司花了很長時間和心血培養他！」

我問小麗：「難道就不能再給一次機會？」

小麗說：「那怎麼行　這是海底撈的高壓線，任何人都不能碰！否則別人怎麼管？再說，作為採購人員，你拿著比別的員工高的收入，還不珍惜、不知足，這樣的人就不應該是海底撈的人！」

我把這個故事講給一個世界五百強主管採購的高管，他聽後，倒吸了一口冷氣，說：「在她手下工作的人，豈不壓力巨大?!這個楊小麗可真神。」

其實，不是楊小麗神了，而是信任的神奇！是海底撈的信任，讓她神了！

把他們當人對待

二〇一〇年四月，我帶七十九歲的媽媽去海底撈吃飯。媽媽看服務員的時間，比吃飯的時間多。媽媽說：「沒見過這麼朝氣蓬勃的服務員！你舅舅來北京時，也帶他見識見識。」

人是高級動物，不僅需要吃和愛，還需要希望。有希望，再苦再累，活著都有勁兒；沒希望，天天養尊處優，頓頓山珍海味，活著也沒意思。

海底撈人的希望是改變命運。

什麼人需要改變命運，當然是命不好的人。中國農村人的命普遍比城裡人差，因此，農民最需要改變命運；也因此，才有幾億背井離鄉的農民工。

張勇說：「一個生在城裡的青年，命運可能有多種變數；一個生在農村的青年，特別是貧困地區的農村，改變命運只有一條路，那就是要成為城裡人。」

怎樣才能成為城裡人？

農民工不是城裡人，農民工過年還要回家。只有把家安在城裡，向城裡人一樣有自己的住房，自己的後代能在城裡上學，才是城裡人。

海底撈就是這樣一個舞臺。在這個舞臺上，沒有學歷、沒有背景、沒有專長的農民工，只要能肯幹、能吃苦、忠於企業和不斷進步，就能成為海底撈的幹部和骨幹，他們就能在城裡買得起房子，他們就能改變命運。

海底撈員工入職培訓第一天的第一句話就是：雙手改變命運。雙手改變命運在海底撈不是一句口號，而是事實，因為每個人都必須用雙手從服務員幹起，只有能把顧客伺候好了，你才可能往上晉升。

海底撈員工的晉升途徑是獨特的，一共有三條：

一是管理晉升途徑：新員工——合格員工——一級員工——優秀員工——領班——大堂經理——店經理——區域經理——大區總經理——海底撈副總經理。

二是技術晉升途徑：新員工——合格員工——一級員工——先進員工——標兵員工——勞模員工——功勳員工。

三是後勤晉升途徑：新員工——合格員工——一級員工——先進員工——文員、出納、會計、採購、物流、技術部、開發部——業務經理。

學歷在晉升階梯上不是必要條件，工齡也不是必要條件。這種不拘一格選人才的晉升政策，給這些上不了大學、只能幹最底層工作的農民工，打開了一扇窗戶：「只要努力，我的人生就還有希望。」今天我的領導就是昨天同我共睡一室的工友；今天管理二十多家店的北京大區總經理袁華強就是我們村子老袁家的大兒子，他也沒上過大學！

袁華強是楊小麗的徒弟，是四川宜賓人。從小務農，家境貧寒，十九歲中專畢業後，二

○○○年加入海底撈，從門童做到北京大區總經理只用了六年時間。

現在的袁華強，坐的是專職司機開的最新款的寶馬；出國考察喜歡住麗嘉酒店；他把父母從四川山裡接到北京，跟他住在望京地區二百多平方米的公寓裡；他的兩個孩子跟北京的孩子們一起，而不是在專門給農民工子弟開的學校裡讀書。他現在讀的是北京大學光華管理學院的EMBA，三十萬的學費也是海底撈出的。

袁華強說：「海底撈的任何員工只要正直、勤奮、誠實、好學，都能夠複製我的經歷。」

在海底撈改變命運的不僅是楊小麗、袁華強，二十三歲管理五家海底撈北京店的小區經理林憶，也來自陝西農村。十六歲還沒有身分證的她，拿著表姐的身分證到海底撈打工。她創了海底撈兩個紀錄——海底撈最年輕的店長和最年輕的小區經理。現在她手下管理的員工多達九百多人。

二○○六年四月二十一日，張勇寫了一封表揚林憶的信：

楊小麗向我介紹林憶時，告訴我林憶事業心強，能適應各種不同的工作環境。今天我打電話向袁華強了解情況，順便問了一下林憶的年齡，這才發現林憶經理只有十九歲。我很難相信一個年僅十九歲的年輕人能同時具備待人熱情、做事果斷的特徵。聽說她剛到北京時，因思家還哭過鼻子。但是在她擔任經理後，她對待員工的一些不良現象強硬得像一把鋼刀。

我不敢預言林憶能為海底撈作出多大貢獻，但我知道她像其他店經理一樣在默默辛苦地工作，我確信我們的林憶經理前途無量。

然而，這個「強硬得像一把鋼刀」的小林憶，也有柔情似水的一面，北京一店的好幾位員工是這樣描述林憶的：

「我是剛到海底撈的新員工。上班第三天領班讓我端水果盤，由於地剛剛擦過，很滑，我重重地摔倒了。恰巧被路過的林憶經理看到，她急忙把我扶起來，問我摔壞沒有？我試著走幾步，左膝疼得要命，但嘴上卻說沒事。林經理三下五除二，收拾了地上的碎盤子和摔爛的水果，對這些隻字未提。然後她讓我走走，發現我走路有點不對勁，便對我說，你到酒水吧後面的小屋等我。一會兒她拿來半瓶酒進來，見我站在那裡，就趕緊搬個凳子讓我坐下來，然後把我的褲腿挽起來。一看膝蓋都摔青了，她就蹲在地上用酒給我揉，一邊揉一邊說，沒事的，以後要小心。還疼嗎？我心裡的恐懼一下子變成溫暖，眼淚流了出來。」

——許博

「去年一天我扭了腳，疼得不能動了。但那一天讓我深深愛上了這個家，那天晚上，我遇見了我一生都不能忘記的人。林憶姐左手拿著藥走進我的宿舍，先把自己的手洗乾淨，然後把藥放到手上，讓我把腳伸出來。她邊輕揉我的腳，邊問還疼嗎，直到藥乾，這一幕我永遠忘不了。」

——于芹

這哪裡是什麼科學管理，這不就是用情感動人嗎？這樣的做法能變成制度和流程嗎？如果不能變成制度和流程，靠林憶這樣的管理者給人揉腳的個人魅力，海底撈能擴大嗎？

其實，世界上哪有什麼科學管理？管理永遠是具體的，什麼叫具體？就是管理日本人的方法，不適合管理美國人；管理工程師的方法，不適合管服務員；管理農民工的方法，不適合管城市工。

前年，一個管理創新論壇請張勇去講話，張勇說：「我們的管理很簡單，因為我們的員工都是很簡單、受教育不多、年紀輕、家裡窮的農民工。只要我們把他們當人對待就行了。」

把人當人對待，也算管理創新？

對，這就是創新！因為大多數企業就是沒有把農民工當人！至少是沒有把他們當成正常人！否則，憑什麼都是員工，幹的都是一樣的活兒，他們就不屬於正式工？憑什麼正式員工要買保險，就不給他們買？什麼是創新？與眾不同就是創新。

當人對待！當什麼人對待？這些人是一個特殊的群體，他們是背井離鄉，受人白眼，在城裡沒有家、沒有親人的年輕人。這樣的人，最需要的不就是情感的支持嗎？

林憶，這個用雙手給員工揉腳的經理，不恰恰給了他們最需要的東西嗎？結果，水能載舟。這些農民工們讓這個二十三歲的小姑娘，當上了管理五個火鍋店的小區經理。

第二章

雙手改變命運！

用麻將精神去工作！

其實在海底撈，成神的不僅是楊小麗、袁華強、林憶。海底撈很多店長都是二十多歲的小姑娘、小夥子，甚至還有「九〇後」。他們每人都指揮著一、二百人，每天營業十幾個小時以上，接待著幾百名顧客，每年創造上千萬的營業額！

有人說「八〇後」、「九〇後」是垮掉的一代，可是海底撈的「八〇後」、「九〇後」卻早早成了社會的棟樑。這個現象真讓城裡的獨生子和獨生子的父母們汗顏。

海底撈的店長，不同於一般速食店的店長。他們不僅僅要執行海底撈總部的流程和制度，還有打敗對手的使命。打敗對手的最有效策略，往往來自於第一線的創造。

西安建國路海底撈店的店長方華強說：

「二〇〇四年九月，一家著名火鍋店在離我們不到三百米的地方開了一家分店。我們的生意立刻淡了許多，顯然它搶了我們的客人。

「在海底撈做店長真是很累，生意忙了累人，生意淡了累心。那段時間，我們天天琢磨著怎麼把這家火鍋店趕出建國路。我們堅信我們一定能打敗他們，我和陳軍帆幾個人，幾乎天天去那個店吃飯，研究他們的菜式和服務的優缺點，回來後就制定出針對性的對策。結果，二〇〇五年五月他們終於熬不下去，撤了。

「這種勝利的喜悅讓我每次回憶起來都很幸福，也讓我很自信。我們終於沒有辜負張勇大哥。當年海底撈進入西安時，就是開在當時西安最火的火鍋店對面。在他的領導下，海底撈打敗了對手，讓我們在西安站住了腳。今天我們也同樣能戰勝對手！」

餐館的管理看似簡單，其實不然。餐館的服務是一個系統工程，從採購、後廚、前廳、門迎、保潔、收銀要一環扣一環；好的服務必須是各環節無縫對接，在分工的前提下，分工不分家。

比如一個保潔員剛把衛生清理完畢，正要去別的區域清理，這時恰巧有客人要加啤酒，可是附近沒有服務員。此時，保潔員是先放下本職工作，給客人拿酒？還是找正在別處忙著的服務員去拿？再比如，後廚的本職工作是做菜和傳菜，可是此時桌子上擺滿了客人吃剩下的殘羹剩飯，前廳的服務員忙不過來打掃時，後廚應不應該幫忙？

這兩個例子代表了企業分工中最核心的問題——分工之後，如何配合？邊緣問題，誰負責？商學院把這種問題歸為組織行為，有專門的老師教授這種課程。然而，我從沒有遇到過任何教組織行為的老師能把這個問題，像下面這個二十幾歲的海底撈員工講得這麼清楚。

他是海底撈上海五店的夏鵬飛，他說：

「我們四川人都喜歡打麻將，我認為只要拿出一半打麻將的精神，我們各部門的配合就會無縫對接。我以前喜歡打麻將，現在沒時間打了，但我經常想麻將與我們工作的共同點。

「仔細想一想，其實打麻將包含了所有企業成功的精髓。任何工作都不是一個人單打獨鬥，要的是集體配合。比如，你坐在我對面，你洗牌時，牌掉在我腳下，誰撿？當然是我撿！因為早撿起來，早開局；早開局，我好早點贏錢。所以打麻將，不管誰掉了牌，都會有人盡快撿起來。

「但在工作中呢，你做錯了，憑什麼我來幫你？你弄掉了，肯定你撿，跟我有什麼關係？可是海底撈是我們的家，一個人做錯了，實際上跟大家都有關係，那麼我們為什麼不能用打麻將的精神來工作？

「打麻將的人從來不遲到，說好晚八點，可是剛到七點，三個人就先到了。剩那個人在路上，這三個人電話一頓催，快點來，三缺一！那個人敢說：急什麼，不是八點嗎？結果，平常捨不得打車，馬上打個車跑來了，一看錶才七點半。第一句話，肯定是：『不好意思，遲到了。』

「為什麼說遲到了？因為別人都比他到得早。

「另外，說好了十二點收局，沒到十二點前，一定有人舉手要求『加班』。『實在不好意思，今晚輸多了，再打一圈吧。』打一圈就打一圈，你贏了別人輸了，不打不好意思。所以打麻將通宵達旦是常事。而且，第二天很少有人抱怨自己又『加了一個夜班』。

「另外，我發現打麻將的人從來不會抱怨工作環境。可是我們現在對生活和工作環境有多挑剔，什麼宿舍空調太吵，洗碗時油太多呀，上班好累呀。你有沒有見過打麻將的說，房子吊頂太矮、空調不夠冷、桌子太髒的？

「打麻將的人冬天捂著被打，夏天光著膀子打；沒桌子把紙箱子倒放，放上板子就是麻將桌，洗臉盆墊上報紙就是凳子，麻將打得照樣熱火朝天。來一個兄弟說要請下館子，四個人忙說改天改天。可是我們工作上能做到嗎？做不到，但我們打麻將做到了。

「還有一個我覺得神奇的地方，打麻將用手就能摸得出來是什麼牌。九萬與七萬，六條和九條，多小的差別呀，居然能摸出來！為什麼？因為打麻將的人用心了，用心的人學東西就能學進去，大不了慢一點，但遲早能學會。我真佩服打麻將的人，那真叫用心來感受。

「想想看，如果我們用一半的心感受工作會怎麼樣？

「最後，我最最佩服的就是打麻將的人永遠不抱怨別人，只從自己身上找原因。你有沒有看到打麻將輸了錢的人說：『哎呀，龜兒子瓜兮兮，跟我打麻將簡直是搶錢。』

「輸了錢的只會說：『我點兒好背。』上洗手間拼命洗手，回來後，在點兒好的人身上摸一把，再用別人的打火機點上一支煙，狠狠抽一口，但永遠不會抱怨別人。」

好一個夏鵬飛！我把夏鵬飛在海底撈內刊上的這篇文章連讀了幾遍，每次都忍俊不禁。我會把這個段子，用在北京大學MBA的課堂上。在此，事先表示感謝！

我估計這本書出了之後，一定會有人引用這個段子進行管理培訓。如果引用，請註明這是海底撈員工夏鵬飛的原創。

心理學告訴我們，年紀大的人，行為多出自於習慣；年紀輕的人，行為多出自於模仿和思考。正因為如此，革命者多青年。有這樣思考的員工，當然會有與眾不同的行為。

難怪海底撈的員工成了同行挖角的搶手貨！

雙手改變命運

管理者最難的事，是讓別人相信明天的大蛋糕會有自己的一份。人的欲望都是無限的，沒有公司能夠給足員工今天想要的一切，因此員工在拿今天的工資時，眼睛一定看著未來。如果他們對未來有信心，今天幹的活兒就會多過今天的工資；反之，今天做的工作就會等於或少於今天的工資。

張勇讓海底撈的員工們相信了，雙手能改變命運。如果我幹得好，楊小麗、袁華強、林憶等人的今天，就是我的明天。

師洪橋是北京海底撈的一名普通員工，她說：

「小的時候，我們家很窮，就連一個雞蛋都很難吃到。看到小朋友們吃冰棒和速食麵，我很羨慕。他們偶爾讓我舔一口，真是好甜好幸福。

「長大後，慢慢知道錢是什麼。因為家裡窮，我和哥哥的學費成了家裡的大負擔。每次開學，要先交學費，才能拿新書。看到別的同學看新書，我好羨慕，因為我和哥哥的書都是上一年級的學生用過的，是我們去他們家借來的。班裡的同學經常嘲笑我們，有時會說，『窮鬼，沒錢還來上學』。

「直到初中，爸媽還在拼命賺錢供我和哥哥讀書；最終，我和哥哥都考上了理想的學校。哥哥考上了理想的大學，我考上了我夢寐以求的護士學校。可是家裡只能供一個，怎麼辦呢？

「那天晚上，爸爸哭了，跟我和哥哥說，你們選一個吧，我們只能供一個。媽媽看著我說，孩子，你就讓你哥上吧。他是你爺爺的命根子，你爺爺生前就一直想讓他上大學。

「我當時什麼也沒說，就把錄取通知書撕了。

「過了幾天，我就出來打工。剛開始在一個食堂洗碗，每月三百元錢。我真是很高興，從此爸媽不用那麼辛苦了。我第一個月領工資，拿到三百元，那是我第一次看到那麼多錢，很滿足。以後，我每個月都給哥哥匯二百元錢。

「後來，我叔叔從北京海底撈打工回來，他在那裡很好，就讓我媽媽和我跟他到北京。於是我和媽媽都進了海底撈打工。

「到了海底撈，懂了很多。現在拿的工資，除了給哥哥寄生活費外，還能給自己買新衣服和零食，我真的感到很幸福。

「父母雖然沒有給我富足的物質生活，但給了我一雙手，一雙可以改變命運的手。我在海底撈一邊工作，一邊學習，我相信我可以用這雙手改變我的命運，因為海底撈給了我目標，給了我空間，還給了我學習和生活的條件。我會好好在海底撈實現我的夢，我也會繼續供哥哥讀完大學。

「今年我們雲南大旱，沒有水，沒法種莊稼，這更讓我深刻體會到供我哥哥上學的擔子有多重。但我不怕，我有一雙手，我會在海底撈努力打拼，讓爸爸媽媽過上好日子，讓哥哥順利完成學業。

「海底撈雖然苦，但我很充實。它讓我有目標，讓我有上進心，讓我有幹勁。我不怕苦，所以我希望海底撈的每一個員工跟我一起拼搏，一起努力，實現自己的夢想。」

北京八店的張海霞說：

「我是二〇〇六年偶然來到海底撈打工的。我以前從來沒出過門，現在才知道什麼是大城市，什麼是同事，什麼叫火鍋。

「剛開始我很擔心，我以前在家鄉連小飯館都沒進過，一下子到一個有名的火鍋店能行嗎？培訓的時候，李姐教我們認識菜品的時候，我只認識三四個。我很害怕自己被淘汰。是李姐的鼓勵，讓我堅持到最後。在李姐和同事們的幫助下，我終於學會了操作電腦。

「我成為海底撈的正式員工一晃兩年了，我不僅認識了很多菜，還吃過很多曾經沒見過的好東西。一次一個員工過生日，我們大家去金鼎軒聚餐，一次花了六百多。對以前的我來說，這簡直是天文數字！如今我吃上了。

「我還學會了怎麼對待新員工，怎樣同別人成為朋友。我現在還學會了打扮自己，前幾天和同事出去，我穿了耳眼，買了耳墜。我打算下次休假時，再買一雙馬靴和一條馬褲。

「我現在學會了照顧自己和享受。以前休假只想睡懶覺，餓了也捨不得買東西吃。現在我會買點花生、火腿腸和水果。我還買了一副羽毛球拍，休息時打打羽毛球。

「以前在家我只會帶孩子，不知道怎麼教育，也不會做飯。因此我經常擔心，像我這麼笨的人，以後怎麼生存，怎麼把孩子養大？現在我不怕了，我在海底撈學會了好多好多。我慶幸加入了海底撈這個大家庭，我不會再為生存而發愁，不會因為沒錢不能養孩子發愁。我真是很感激你，海底撈！讓我真誠地向你說聲謝謝！」

張勇啊，你積德呀！哪怕辦海底撈純粹是為了自己賺錢，你也給這些在海底撈打工的人帶來了希望。

二〇〇九年十月，我請張勇來北大講海底撈。一個在外企打工的MBA學生向他提問，她說：

「為了聽你講課，我特意去海底撈吃了兩次火鍋，每次我都問服務員同一個問題，你們這麼熱情，為的是什麼？幾個服務員都說，為了你能再來我們海底撈。我說，我再來，同你們有什麼關係？他們說，海底撈生意好了，我們就好了！

「張總，我的問題是：你是怎麼培訓員工的，能讓他們這樣想？因為讓員工能把公司好同個人好聯繫到一起，可不是一件容易的事。我是在外企負責人力資源培訓的，這種境界是外企裡中高層管理人員都沒有的境界。」

這個同學說完後，張勇撓起了腦袋，他面帶難色地說：「我沒有這樣培訓他們呀！可能是我做了十幾年海底撈，『路遙知馬力，日久見人心』，是事實讓他們相信了海底撈生意好，他們就好的道理吧。」

堅持就是人民幣

海底撈的確給肯幹吃苦的人提供了改變命運的舞臺，但一個人能不能在海底撈改變命運，則同他或她能否堅持，能不能不斷學習和挑戰自己有關。

我問前年才結婚的楊小麗：「按照農村人的習慣，你早該結婚生娃了。在海底撈這麼多年，這麼難，這麼累，有沒有想過不幹的時候？」

小麗說：「有，我在海底撈最難的時候就是剛到西安。當時生意不好，壓力大，而且那家店剛開始還是合資的，合資方是公家單位，他們也派人管。可是他們不懂行，淨幫倒忙。比如：我雖是店長，但我買個水桶掃把還需要他們批准；我剛把員工的士氣調整好，他們不經意的一句話就又把人心搞散。

「不僅如此，張大哥還總喜歡搞一些『虛』的，經常指定一些書，比如，《把信送給加西亞》和《性格決定命運》等讓我們讀，還要求我們寫工作日記和學電腦。那個階段真壓得我喘不過氣來，要知道我是連初中都沒畢業呀！」

我說：「那你怎麼應付過來的？」

小麗說：「我給張勇打電話，我說我真幹不來了，我不想做了。說著說著，就哭起來了，哭得喘不上氣來。」

張勇說：「合資的麻煩由我解決，我已想好了怎麼辦。要麼，由他們管；要麼，我們管。生意不好，可以慢慢做；但人不學習，不行！你這麼年輕，什麼都能學會！」

小麗說：「我信張勇的話。在他的逼迫下，我開始學。那時海底撈西安店裡沒有一個人會電腦。我先花三十元買了一個鍵盤，然後讓餐館旁邊打字店的人教我打字；又自己花了七千元買了一台電腦，上了一個月電腦班，學會了用電腦。後來，當公司上電腦系統時，我一下子就跟上了。現在也養成了記工作日記的習慣。」

與其說楊小麗跟上了海底撈的發展，還不如說海底撈跟上了楊小麗的發展。當楊小麗管好第一家店後，她突然發現她能管很多店了。於是，她一口氣為海底撈在西安又開了七家店。

海底撈員工的離職率很高，但大部分情況不是海底撈淘汰員工，而是員工淘汰海底撈。因為做餐飲服務在中國人的眼裡，畢竟是伺候人；加之工作累、時間長、工資低，很多新員工試了幾天就走了。餐飲業是中國目前員工流失率最高的行業，餐館員工的年流失率超過百分之百一點都不出奇！

海底撈的員工有一句話，「在海底撈能熬過三個月的都是好樣的」。為什麼？因為在海底撈幹活兒，比一般餐館要累，海底撈員工高於同行的收入和待遇不是從張勇口袋裡拿出來的，而是幹出來的。

張勇有一句口頭禪：「錢這個東西，天上掉不下來，地下也長不出來，只能從顧客口袋中掏出來！」

翻台率是衡量一個餐館經營效率最重要的指標，它是指一張桌子每天能接待幾撥客人。接待客人的次數越多，效率就越高，員工的工作量也越大！

海底撈火鍋店的翻台率比同行要高一到兩倍，因此，海底撈的員工勞動強度自然高於同行。海底撈的傳菜員——專門負責把菜從廚房端到前廳的那些服務員，腳上沒有不起泡的；後堂刷碗工的手沒有不爛的；前臺服務員的嗓子沒有不啞的，腿沒有不腫的。

天下沒有白吃的午餐，也沒有白受的苦。在一個讓人看不起的行業，幹著比同行還累的活兒，如果能堅持下來，往往就能夠改變命運。

楊小麗、袁華強、林憶等人不僅成為海底撈改變命運的榜樣，他們說的話也成為員工們互相激勵的語錄。

北京五店的肖克說：

「我剛來海底撈工作時，一時適應不了，就跟師傅肖姐說，我不想幹了。她問為什麼？我說不習慣。她說，誰剛開始都不適應。你沒聽過人家楊小麗楊姐講嗎，人是活的，環境是死的，就看你怎麼去適應環境。要記住楊小麗那句話：是金子到哪兒都發光，做事就在於堅持，堅持就是勝利，堅持就是人民幣，沖走的只是沙子，留下的才是金子。

「肖姐讓我好好想想再決定，後來我靜下心來仔細一想，是呀，我沒學歷，沒文憑，沒口才，我能去做什麼？而在海底撈有這麼好的條件，去哪兒找？這裡是苦點、累點，但我吃的是三代人的苦！我掙到錢了，可以讓父母過得好一點，可以讓兒女上好學校。

「不管昨天多麼不如意，何等失敗，都不重要。只要今天努力付出，明天才有結果。所以我每晚都聽《獻出一份愛》這首歌來鼓勵自己：『生命總有失敗，難免有悲哀，不要歎氣低頭說無奈，別相信天安排，幸福就會到來，拿出勇氣來面對將來……』

「我經常告訴自己，靠牆，牆會倒；靠人，人會跑；靠父母，父母會老；靠自己才最好。我現在終於用自己的雙手改變了命運！我相信世界上有公道，付出終有回報，說到不如做到，要做就做最好！於是，我就這樣在海底撈堅持下來了！」

我曾問張勇：「你們的員工怎麼個個都那麼樂呵，總是笑哈哈的？」

張勇說：「黃老師你只看到笑的一面，他們很多人都哭過，只是不當客人的面哭。你想想，這麼苦、這麼累，又背井離鄉，誰能一下子適應？那些忍受不了的都走了；留下的，哭過後就開始笑了；所以，你看到的就都是笑的了。」

有相當數量的員工堅持不下來。下面是一位不願意透露姓名的員工，在海底撈的內部網上發的帖子，他說：

「今天被領導訓了一頓，心情挺差的。沒人肯聽，那就給大家說說。我不是想說企業的壞話。你做你的事業，我打我的工；我拿工資是因為我對這個企業有貢獻。我每天早上九點上班，晚上九點下班，一天上十二個小時班，如果還嫌不夠，那要怎麼辦？海底撈沒有哪個服務員睡夠了的。一天十二小時上班，你說還有什麼自己的時間?!難怪婚姻大事推薦內部消化。這算是為員工著想嗎？休假了，都是在宿舍補充睡眠呢。你們養的不是員工，是機器人。」

天助自助者

在海底撈能堅持下來的，往往是來自農村的員工，特別是來自貧困農村的員工。

初次離家是這些打工者的一個共同特點。對這些背井離鄉的「大孩子」們，海底撈有一個特殊政策——對優秀員工和管理幹部進行不定期家訪。這樣做的目的有二，一是代表他們去問候父母和子女，二是了解員工的家庭情況。

海底撈西安片區的經理楊華，在談到對員工進行家訪的經歷時說：

「家訪的目的不僅是溫暖員工和家長們的心，對我們管理層也能起到教育作用。我記憶最深的一次家訪是去後備經理張乾忠的家，他家在陝西商丘商周地區。我們同時還要順便拜訪其他三名也在同一地區員工的家。

「去張乾忠家的路線有三條，第一條路是水泥地面，可是走了三分之二，因為修路無法走了；於是，選擇第二條路，可是又大堵車，根本走不了，沒辦法，只得選擇石頭路。一路上我們無數次下車，刨土清障，眼看快到了，卻修路走不了了。最終，我們只得拎著禮品步行。翻山，下山；再翻山，再下山；下午終於到了張乾忠家。

「小村莊只有五戶人家，為了我們的到來，鄉親們早就站在張家院子裡等我們。張乾忠的老奶奶把昨天蒸好的核桃饃端上來。老奶奶腿腳不便，特意請了兩個鄰居為我們做了一桌子飯菜。我們匆匆吃完了就走，張乾忠的媽媽和奶奶送我們走的時候都哭了，我也忍不住哭了。

「我們的到來是村裡的大事，原來這個小山村在我們海底撈工作的員工一共有十六個，平均每家三個人還多。真沒想到，海底撈竟然對這個小山村起到如此大的作用！

「一打聽，這些員工都是一個跟著一個被吸引到海底撈的，而且個個都很優秀。我相信正是這裡生存條件的艱苦，才磨練出這些員工吃苦耐勞的品質。

「以張乾忠為例，雖然他家很窮，但他沒有絲毫抱怨和消極的態度，反而在工作和生活中，陽光向上，充滿激情。我相信如果他們堅持下去，在海底撈這個平臺上一定能改變命運。

「另外，這次家訪對我還有一個意外但相當重要的收穫。看汽車行程表，從西安到商洛只有一個多小時，可是這只是坐車的時間，真正到員工家，其實比到四川用的時間還多。要返回西安，這些員工必須凌晨三點出發，步行三個小時到縣城坐六點半的長途汽車，並且一天只有一班車。

「通過這次家訪我更領悟到海底撈存在的意義，我們的企業只有辦好，才能帶領這些從大山裡出來的員工改變命運。同時我還意識到，我做店經理時，由於對員工家庭的情況了解得不細緻，有很多工作上的失誤。比如，這些來自商洛的員工向我請三天假時，我往往武斷地說，不就一個多小時的車程嗎，一天假就夠了。其實是不夠的，即使三天假，同家人團聚的時間也只有一天。

「這次家訪讓我明白我錯了，我要對員工說一句對不起。我現在知道了，什麼叫站著說話不腰疼。」

能吃苦是來自貧窮地區員工的優勢，可是文化水準低又是他們的劣勢。要改變命運，僅靠雙手還不行。

西安一店油碟房的吳阿姨四十多歲了，進入海底撈好幾年，一直是勞模，是大家公認的優秀員工。她沒沒無聞，特別能吃苦，但是按照公司新的要求，要想繼續保持勞模工資，她必須達到一崗多能才行。可是吳阿姨是個文盲，不僅不認文字，也不認數字，因此不能看秤；她只能在後廚刷碗洗碟打掃衛生。

怎麼辦？店經理郭晶晶找她談：「吳阿姨你的工資要降下來，我們大家都不忍心，但是如果你要想做一個合格的勞模，你必須要進步才行。你一定要學會基本的字和認秤。你還不算老，我們大家幫著你，你一定能學會。」

西安一店的幾個幹部作了分工，集體幫助吳阿姨識字和認秤。並且給吳阿姨制定了獎勵和懲罰計畫，如果一個月學不會，降一級工資，如果一個月之內學會有獎勵，二十天學會有更大的獎。由於吳阿姨老是把電子秤上的二和五這兩個數字搞混，郭晶晶專門用筆在複印紙上寫上大大的二和五給她記。

吳阿姨把這張紙隨身帶在身上，有空就拿出來認。她跟別人說：「這是郭姐給我寫的。我要是能識字認秤，就什麼崗位都能幹了。現在前廳的領班是我老師，後堂經理也是我老師，店長郭姐也是我老師，大家都在教我，我一定能衝上去。」

天助自助者！第十天，吳阿姨學會辨認二和五。

上海三店的張耀蘭說：

「我來海底撈轉眼就三個月了，剛來時店裡讓我清潔洗手間。在海底撈打掃洗手間和別的地方不一樣，我還要在客人使用洗手間時，給客人提供服務，比如壓洗手液、遞紙巾和開門等。每當客人說：海底撈的服務一流，洗手間也乾淨時，我心裡就很驕傲。

「可能是沈哥看我在洗手間同客人交流得不錯，要把我調到服務組看臺。我當時一口就拒絕了，因為我對當服務員一竅不通；再說我年齡大了，怕服務不好，讓客人訓斥，心裡難受。後來沈哥找我談，他說我一定能做好。看他這麼相信我，我就下決心不辜負沈哥的期望，一定要把服務員工作學著做好。

「可是剛看臺時非常緊張和害怕，客人來了之後，我都不知道該幹什麼，急得像熱鍋上的螞蟻，同客人講話也不敢說。看了一桌之後，膽子就慢慢大了，同客人溝通也就順暢了。客人也不是三頭六臂，沒什麼好害怕的，有時他們跟我開玩笑，我也敢跟他們開了。

「同客人談話時，他們經常問，在這裡吃住舒不舒服？家裡有幾個人？談著談著，就忘記了他們是客人，就像親戚朋友聊天一樣，不害怕了。」

張耀蘭終於在職業晉升通道上爬上了一格。

不僅是管理崗位，海底撈很多後勤業務職員也都是從服務員幹起的。他們沒有受過學校的專業教育，都是通過幹中學、師傅帶徒弟的方式走上業務崗位的。

海底撈會計小王說：「現在很少有公司只看能力不看學歷，哪一天我們離開海底撈，真不知道能幹什麼，所以我們很珍惜這份工作，再累再晚也要充電學習。我們不能選擇出身，但我們能選擇不斷學習，改變命運。」

行為科學揭示：任何職業都會在自然人身上留下痕跡。我發現海底撈的白領，身上透著一種同我所熟悉的白領不太一樣的氣質。琢磨了好久才明白，他們身上除了有白領的職業風範外，還有著一股農民的樸實和服務員的殷勤！

「高齡」幹部謝英

萬般皆下品，唯有讀書高。人上去容易，下來難。現在很多大學畢業生找不到工作，寧可啃老，也極少有人去餐廳當服務員。二〇〇九年，北京海底撈共有二千五百人，大學本科生只有五個，初中畢業的佔九十八%。於是，海底撈的各級幹部也就只能從中學畢業生中產生。

世界的事大都好壞參半，員工文化水準低既是劣勢，也是優勢，因為它逼著海底撈要不拘一格選人才。相反，如果企業裡有很多大學畢業生，選拔幹部不選他們，還真要有點勇氣和費些心思！

二〇一〇年，三十六歲的謝英是北京海底撈的一個小區經理。她現在管理六家火鍋店，手下員工近千人。在海底撈的年輕幹部隊伍中，謝英屬於「高」齡幹部，她是個被海底撈硬

「造」出來的管理者。

謝英是個快言快語的四川女人，她說：

「我是一個普通的農村婦女，我們四川人結婚都非常早。一九九八年我二十四歲，小孩就一歲多了。我當時在海底撈旁邊的一家餐廳裡打工，在那家餐廳上班的時候，四個月我領過兩次工資，因為餐廳生意不好。餐廳的廚師長和服務員打情罵俏，廚師長的親戚在裡面也耀武揚威。我們沒有親戚朋友的就很孤立的，所以上班很不開心。

「除了這些，我當時想去海底撈幹還有兩個原因，一個是他們的工服很好看，是我們簡陽當時最好看的工服，就像空姐那樣的衣服，很漂亮，下面是裙子，走到馬路上很多人都回頭看。有些海底撈的員工都穿著工服回家相親。後來進了海底撈才知道，海底撈的工服是找一個當地的裁縫，按照時裝畫報上的款式，給員工度身訂做的。另一個原因就是來我們餐廳的很多客人都說海底撈生意好。

「可是我又有點不敢去，因為很多顧客和海底撈的員工都跟我說，海底撈管理得特別嚴，如果你幹不好，就要被淘汰；而且，前三天沒有工資，三天之後才決定是否錄取。

「後來，那家餐廳實在待不下去了，我就想，海底撈管得再嚴，也不是讓我去幹壞事！無非是跑得快一點，幹活兒多一點，認真一點，努力一點，聽話一點。於是，我就抱著試試看的心理來了海底撈。

「我是八月九日去的。九月一日發工資，當通知我領工資時，我很驚訝，我說，我還有工資啊？因為我在上一家餐廳幹了四個月才發了兩次工資，所以我以為海底撈也是倆月發一次。

「剛開始我當了幾天傳菜員，後來可能是看我年齡比較大，就讓我做員工餐。可是我沒做過飯呀，幾十人的飯，上來就讓我做，米飯不是生就是糊，菜也不好吃。員工意見很大，他們跟領導反映，說謝英做了一個多月的飯都做不好，還不如把她辭退。

「當時的店長是馮伯英，她說，我再跟謝英溝通一下，如果溝通完了，她還做不好，再辭退她。

「馮伯英很生氣，把我叫到一個包間裡說，再給我一次機會，做不好我就要走人。於是，我有了危機感，為了保住這份工，我就很用心去做，半夜醒來，還琢磨菜如何炒好吃。怪了，人一用心，菜的味道也變了；於是，我留下來了。

「做了兩年多的員工飯，公司又讓我出來做前廳服務員。可是還沒做幾天服務員，張勇突然讓我做大堂經理。我嚇壞了，我跟店長說我不敢。我是一個做飯的，哪能當大堂經理。

「我後來也在想張總為什麼提拔我。那時海底撈只有三四家店，張總經常來我們店裡看。我的工作很單一，就是做員工餐。而員工餐做完後，我每天至少還主動幫忙做三四項工作，比如幫助廚師切菜，因為我做飯的地點也在餐廳廚房；我還幫著洗漏勺，幫服務員發毛巾，總之，凡是我能做的我都幫著做。

「本來我可以早下班，因為做員工餐要早上班，但我每天都會多做幾個小時。可能是張總經常到那個店，觀察到了。有一天張總為領班開會，也通知我參加。當時把我嚇慘了，為什麼通知我開會？

「進屋時，我們領班說：謝英你怎麼來了？我說：不知道，張總讓我開會。當時開會每個人都發言，張總也讓我發言。他可能覺得我的發言還不錯，以後每次開領班會，都把我叫上。幾次下來，就決定讓我當大堂經理。

「我拒絕時沒敢直接跟張勇講，是讓我們店長告訴他的。但張總說不行，必須做。於是，我就做了大堂經理，然後，就一路走到今天，還到北京當上小區經理。張總有時跟我說笑：一個做飯的能做小區經理，當時還不願意呢。

「去年，簡陽市長到北京出差，在我們店吃飯時，張總就介紹我說：她就是當初在我們簡陽店給員工做飯的謝英，後來當上了大堂經理，現在當小區經理。家安在北京，老公和孩子都來了。」

然而，一個今天能自己駕車，行駛在北京複雜的立交橋上的謝英，絕不僅僅是因為張勇的慧眼識珠。

獵頭公司找挨罵！

我對謝英說：「你真幸運，一個偶然的機會進入海底撈，然後，又被張勇慧眼識珠，改變了命運。」

謝英說：「是，我的確很幸運，但這條路也真不容易走。

「我在簡陽當了一年的大堂經理，西安店開業了，把我調到西安做大堂經理。我在西安只做了兩個多月，由於工作開展得不理想，就被撤下來，回到簡陽店降級為倉庫管理員。

「現在回頭看，失敗的時候就是在為你成長、為以後的成功做鋪墊。其實我當庫管的經歷，對後來我當店長非常有幫助。我知道了物品應該怎麼保管，怎麼擺放才能拿取方便。一個店長要全方位地管理，如果你對其他崗位不熟悉，不可能管到位。我當了三個月的庫管，公司需要培訓師，又讓我當了半年的培訓師，這又鍛鍊了我的口才。

「後來，我在簡陽又被第二次提升為大堂經理。西安又開新店了，我不服輸，選擇去西安當領班。我覺得在簡陽做得太久了，簡陽只有一個店，我幹了五年了，見識和思路越做越窄。雖然在簡陽做大堂經理，在西安我只是當領班，還要和老公孩子分開，但是我還是選擇去西安。因為西安城市大，我們有四家店，有很多可學的東西。

「後來北京開店了，公司又把我從西安領班的位置，調到北京大堂經理的位置上。我被選上來北京說起來偶然，其實也不偶然。

「選人時，現在的北京大區經理袁華強找了三個人，一個是我們西安店當時的大堂經理，一個是一名先進員工，另一個就是我。他拿一個髒的杯子，讓我們分析髒的原因。三個人答完後，他當時就表揚了我。他說：謝英對問題的分析比較深刻。

「為什麼？因為我不僅在餐館做了五年，而且我什麼活兒都幹過。我知道一個杯子擺在客人面前，要經過很多道手，髒的原因很複雜。於是，我成為了海底撈北京第一家店的大堂經理。

「那是我來海底撈的第五年，第三次當大堂經理。我在海底撈幾上幾下，做得真是很吃力。我是一個初中生，結婚又早，電腦上網什麼都不會。二〇〇二年時，張總要求我們學打字，大堂經理以上每分鐘必須打三十個字以上，後來又提高到四十個字以上；還要求幹部每天要寫工作日記，我真是為難死了。

「在此以前，我電腦都沒摸過。可是，人也真怪，壓力越大，事越多，越出活兒。白天沒時間，我就晚上回家練。最後，終於每分鐘能打六十個字了。現在我覺得自己還不錯，每天的工作日記都是用電腦打完後，直接上傳到公司的。

「前幾年，張勇又要求小區經理必須能開車，沒有駕照不能當小區經理。我當時非常抵觸，這麼大個北京，坐車我都迷路，這麼忙，還要考駕照，心裡怕怕的。但是沒辦法，還得硬著頭皮去衝，最後駕照我也拿到了。現在當我開車來往於幾個店之間檢查工作時，看著前後的車水馬龍，有時突然很激動，我終於沒有被這個社會落下！

「如果不是張大哥一路逼著我們學習和進步，我現在不會用電腦、不會開車，最多也就是個在後廚洗碗的服務員。這是海底撈賦予我的一種無形資產。我現在教育下面的幹部時常說，你在海底撈上班，用上班時間學打字、學電腦和各種技能，公司照樣給你開工資。你自己長了一身資本，為什麼不努力多學幾樣？

「我一個弟弟也在海底撈工作，前天來我家抱怨，說公司非要讓他這個電工去學安裝和維修洗碗機，他感覺比較難。我說，你這就傻了，公司拿一台十多萬的洗碗機讓你自己操作、琢磨和學習，這是個多好的機會啊，學會了可是你的資本。當你把洗碗機搞熟，你就能當師傅了。要知道公司並沒有讓你自己花十幾萬買一台機器學！現在外面不管上什麼學，都要自己交學費，而你在海底撈，只需多花一點時間而已。如果你抱著這種心態去學，就會越學越快，越做越好，越做越喜歡。

「其實關於這一點，我特別感謝張大哥。他當時讓我們學打字、開車時，大家都鬧。現在明白了，其實就難過一兩個月，你就多了一項技能和資本。

「我們這些跟張勇時間長的人都明白，張大哥做海底撈不僅是為賺錢，也是要改變我們的命運。因此，海底撈寧可少開店，少賺錢，也不用空降兵，培養不出合適的店長就不開店。

「這樣的做法，讓我們這些文化水準不高，但不怕吃苦的人有了希望和動力，讓我們發自內心要提高自己，把工作幹好。

「海底撈出名了，也有人想挖我這樣的人。二〇〇八年一個獵頭公司給我打電話，我直接把他給罵了一頓，我說，他們自己不去培養人，讓你們把別人培養好的人挖走，你們獵頭公司不是作孽嗎？真是找挨罵！」

海底撈的「三無產品」

其實，人就像種子，在一種土壤裡會生根發芽，換一種環境也許就長不起來。

謝英在培訓員工時經常講：「我是典型的『三無產品』。第一，我沒青春證，我進海底撈時二十四歲，在服務員中算老的，所以都不讓我去前臺，而是做員工餐。第二，我沒有學歷證，我只是一個初中生，還是農村的初中畢業生。第三，我沒有身材證，長得不漂亮，身材也不好。可是海底撈還把我這個『三無人員』當成一個寶，上上下下對我比較認可，這是我最大的幸福。像我這樣的人，到了別的公司，算哪根蔥啊？」

像謝英這樣被海底撈「造」出來的幹部，優點是忠誠、盡職、業務熟練，好使管用；缺點是封閉和視野狹窄。海底撈的店長裡沒有大學畢業生，而且大部分是來自農村的女孩子。

謝英說：「我在店裡很自信，談海底撈業務的事，我連說三個小時都說不完，但到外面跟別人聊天，卻一句話都插不上嘴。海底撈的幹部，除了楊小麗、袁華強他們那樣的高層，絕大部分人都像我這樣，在外面見陌生人總有點膽怯和不自信，怕跟別人聊天，別人說的東西我們不懂，人家笑話。

「我曾經鬧過好幾次笑話，二〇〇八年我讓一個朋友幫我去四川辦駕照，好長時間沒給辦下來，我就催他。他說，我不是不辦，是西藏鬧事呀，員警都忙著呢。你不知道這兩天電視到處都在講嗎？

「我真不知道西藏發生『打、砸、搶』了，因為我回家太晚沒時間看電視，白天也沒時間上網。我們惠新東橋店旁有個理髮店，我經常去那裡洗髮，跟那家老闆特別熟。有一次我去理髮，看凳子上放一張報紙，拿起來看了一下。他說，是周老虎的。我說，什麼周老虎呀？他說，就是華南虎，陝西那個姓周的假老虎事件。我問，什麼意思啊？我壓根兒就不知道。

「他說，這麼大一個事你都不知道？

「今年世界盃前一周，我們一個店長給我打電話問什麼是世界盃？面對這樣的店長，你不忍心罵她？我太知道她們了，她們是真的忙啊。可是再忙，這樣的大事也應該知道，因為它會影響工作的，比如世界盃期間，顧客肯定少，要提前調整安排才行。我跟她們說，你們要看手機新聞，再忙也要看新聞。」

在研究海底撈時，我注意到一個現象。海底撈就像一座孤島，別看每天接待那麼多顧客，那是在服務於別人，不是平等的交流。一個人每天在店裡工作十幾個小時，晚上住集體宿舍，還跟同一群人交流，很容易封閉。

為此，海底撈開始用制度強迫幹部們走出去同外界接觸，比如，店經理以上的幹部，必須要到外面吃飯；每周要同客人吃一次飯，同客人交朋友、同客人一起玩；小區經理都要去讀MBA，大區經理都要去讀EMBA，費用全部由公司提供。

謝英說：「我現在就在人大讀在職的MBA，學校組織什麼活動我都參加，包括吃飯呀，玩呀，我都去。我就要鍛鍊自己膽大一些。我現在每天用手機看新聞，就是同學們告訴我的。他們教我如何設置手機自動接受新聞，我學會了，就告訴我們店長。」

「三無產品」要讓別人認可，付出得自然要多。在海底撈做了十二年的謝英，有一個特殊的職業病。她說：

「我現在當小區經理，不需要每晚盯在店裡。可是我一旦早下班，回家吃飯一端飯碗，手就發抖。這個現象從前年就有了。我跟其他同事聊過這件事，林憶說，她也有這個毛病。就是早下班回家，心裡不踏實，吃飯特別快，吃完胃就不舒服。

「在海底撈做長的人，都養成半夜三更回家的習慣，感覺到半夜三更回家才是對的，早回心裡就有愧，總覺得有雙眼睛在盯著你，就覺得對不起公司，對不起這份工作。其實，我們張總和袁華強總鼓勵我們去看電影、喝咖啡、逛商場，讓我們跟外面的朋友一起出去玩。但是我如果有兩三天沒有巡店，心裡就覺得不正常。就像當媽的把小孩扔在家裡，自己出去玩不踏實那種感覺。所以，我現在還是每天晚上十二點左右回家，反正回家也不踏實。現在公司大了，經常開會，如果連續開幾天，雖然也是工作，可是我一離開店時間長了，心裡就發毛。」

我問謝英：「你當小區經理也不需要直接為客人服務，你那麼晚才下班，都在店裡幹什麼呀？」

謝英說：「晚餐時間是我們一天最忙的時候，這個時候最能發現問題。因此，晚餐時間，我一定會在不同的店裡巡視。如果我晚上八九點鐘到一個店，我不可能馬上找店長了解情況，因為他正忙。只有等到十點鐘，客人走得差不多了，你才有時間跟他溝通。你也不能幾句話就完了，有時候要跟他們吃個飯，跟他們聊一下；或者他們組織會議，你在旁邊聽一下。

「店裡完事了，回到辦公室，我要看郵件。有些郵件不是看看就完了，要作安排和協調。否則，明早一上班，人家請示的問題，沒有答覆怎麼辦？

「然後，還要打打電話，我現在有三個店，平均一個經理打十分鐘，就是一個小時。最後，我要寫一寫工作日記，在電腦前再坐一個小時，十二點到了，正好下班。」

嘿！十二點下班，還正好。下班早了，手就哆嗦?!海底撈的「三無產品」是特殊材料製成的人。

海底撈出名後，很多人想走捷徑，出了好多假海底撈，這些假海底撈把海底撈的菜式、底料、服務員的制服、送水果、擦鞋和修指甲等服務全面模仿過去。

剛開始還真把海底撈嚇得夠嗆，請律師到處打假。可是打著打著，不害怕了，原來這些假海底撈非但沒有搶走真海底撈的生意，反倒給海底撈作了宣傳。

他們把海底撈表面所有能看得到的東西都模仿了，唯獨缺少海底撈的「三無產品」，因此，始終形似神不似。被他們騙過的客人，一定會再找真海底撈試試。

然而，天下萬物都好壞參半，作為「三無」人員要想改變命運，自然要付出更多精力和體力。人畢竟是人，長期這樣幹下去，怎麼可能沒病？作為海底撈職業管理層的代表人物——楊小麗，三十歲剛出頭就渾身是病。

使人成熟的不是歲月，而是經歷！

海底撈有一個特殊的現象，那就是他們的幹部有著一種與年齡不相符的成熟。

海底撈的幹部都很年輕，剛三十歲的袁華強是海底撈北京大區的總經理，管著二十多個火鍋店，二千多員工，又是一個自古英雄出少年。

我問袁華強：「為什麼大熱天這麼多人來海底撈吃火鍋，海底撈的成功究竟靠什麼？」

袁華強說：「餐飲生意說起來很簡單，一共就五個因素，口味、價錢、地點、服務和環境。我曾去過中國香港和日本的城市，感到他們的餐館不論高檔還是低檔，在這五個方面都算合格，比如，再便宜的店，衛生也過得去；再豪華的店，價錢也沒有嚇死人。其實，我們海底撈無非在這幾個方面做得都比對手好一點。我絕不同意有些人說我們海底撈就靠『變態』的服務取勝。別以為顧客傻。」

沒有在任何商學院讀過書的袁華強，實際說了一個很多MBA不明白的問題。企業管理是一個系統工程，任何優秀企業都不可能靠「一招鮮」站住腳。企業跟人是一個道理，一個健康的人，身體的每一個器官和功能都應該達標。

我問袁華強：「在北京，每個店的選址也是你決定的嗎？」

他說：「對。」

我望著這張娃娃臉，有時還冒出一點農村孩子常有的那種羞澀的總經理，心想，在偌大的北京，就是本地人找一個合適開飯店的地方，也不是件容易的事。

做飯店的都知道：地點對了，就贏了一半。海底撈每個店都在上千平方米以上，裝修費至少在幾百萬，有時要上千萬。

我又問：「張勇參不參與意見？」

「我們老闆只參與和批准每年開多少店的總計畫。具體在哪兒開店，什麼時候開店、裝修標準都由各大區負責。」袁華強說。

我又說：「選址可是個挺難的事吧？」

袁華強笑了，說：「對，剛來北京時，不信邪，在租金便宜的南邊一下子開了兩個店。結果生意就是不行，兩年都收不回投資。現在學乖了，就在東邊和北邊餐館紮堆的地方開。因為餐館多的地方，地點準沒錯；即使租金高，競爭激烈，如果我們做得比對手好，還是能賺錢的。我們後來在北京開的店，最長的一年，有的半年就收回了投資。」

難怪袁華強這麼年輕就能擔此大任，原來他有這樣的「跌跟斗」經歷。

然而讓我更佩服的是張勇，他竟敢把選址開店這麼大的權力交給無親無故，又如此年輕和沒有經驗的下屬。

其實，正是張勇對下屬的信任，才能有這樣的授權；也正因為有這樣的授權，袁華強才能犯這樣的錯誤；正是這樣的錯誤，才能讓袁華強刻骨銘心；正是這樣的刻骨銘心，才能讓袁華強超速地成長——早熟。

使人成熟的不是歲月，而是經歷。每個人小時候都曾被家長教導過不要玩火，但誰沒玩過？只有燙過手了，才知道火的滋味。難怪海底撈的幹部，這麼年輕就能擔當如此重任，因為他們早早都讓火燒過手。

我問袁華強：「你怎麼在海底撈升得這麼快？從服務員做到大區經理只用了六年？」

袁華強靦腆地笑了，說：「很難說，其實很多事情是機遇。我是中專畢業，學的是電子商務。那家學校招生時說要保證就業，畢業後就把我們推薦給海底撈去當服務員。那是二〇〇〇年，就業很難，我們一共十二個人去面試，有七個人淘汰了，五個人留了下來。當時海底撈的面試很簡單，什麼都不問，先讓你幹活兒，從幹活兒的過程中選人。」

我說：「你幹活兒利索，所以就被選中了？」

「那是當然，我從小就幹農活兒！」袁華強毫不謙虛地說，「我們家四口人，地裡的活兒主要靠我，我十二歲的時候，四畝地水稻和三畝地麥子就是我一個人割。很累，有時候人一下會累暈。我們那裡是山區，我爸負責打稻子，我媽負責往家裡背，妹妹就做飯。所以我不怕幹活兒。相反，有的同學在家裡連家務活兒都很少幹，刷下來的都是幹活兒不麻利的。」

袁華強把手伸給我看，說：「我手上這些疤都是割稻子留下來的。」

袁華強手上有好幾塊我很熟悉的疤痕，因為我十七歲下鄉當農民，在東北用鐮刀割黃豆，留下了同樣的一塊疤。割黃豆同割水稻是一個動作，那是真累，特別是累腰。我對袁華強的尊敬又提高一塊，他割稻子時才十二歲！

袁華強說：「即使我這樣經歷的人，剛剛在海底撈仍然覺得很累。我的第一份工作是傳菜員，每天要跑很多路。當時海底撈的員工都記得一句話：要先求生存，再尋發展。我就是靠的這句話在最初三個月堅持了下來。傳菜員做了一段時間後，門童走了一個。店裡可能看我長得比較端正，也喜歡打扮一些，在學校也穿過西服，就讓我頂上去做門童。我做門童也很積極，一有客人就招呼，也願意幫他們帶孩子，一些顧客的小孩一來店裡就找我玩，我的客戶滿意度非常高。結果，第二個機會又來了，店裡的會計又辭職了，儘管我是中專畢業，但我在當時的員工中是學歷最高的，於是，就讓我學會計。做了七個月會計，店裡又缺領班，又讓我去做領班。

「這下，我心裡不高興了，想辭職。因為當時會計的月工資是五百八十元，還不那麼累；當領班是五二〇元，我感覺被貶值了。後來怎麼想通了？是一個我做門童時的老爺爺顧客，他來店裡吃飯都要找我聊聊。看我不高興，他問怎麼了。我就說了，我不想當領班，要走。老爺爺說當會計沒什麼出息，你當領班就不一樣，將來可以當經理，自己還能開店。於是我聽了他的話，就做了領班。一直到現在，我同這個老爺爺都保持著聯繫，每次去西安都看他；他看病沒有錢了，我都會給他。他有好幾個兒女，但不孝順。

「黃老師，你說這是不是機遇？沒有這個老爺爺，我現在都不知道幹什麼呢？」

我說：「對，再努力的人，也需要機遇。是不是從此，你在海底撈就一馬平川了？」

袁華強說：「哪裡！我從西安的領班調回到簡陽做店長。因為西安是大城市，我自然見多識廣。接管簡陽店後，我們店是那個小縣城裡唯一一個推廣普通話的餐館。為什麼要推廣普通話？並不是客戶喜歡，而是我覺得可以提升餐館的檔次。我們的火鍋店在簡陽是檔次最高的，顧客裡有外賓，也有很多外地人。還有，我在海底撈的餐館裡，第一個規定員工必須靠右行走，違反規定就要受處理。另外，我們還上門幫顧客做家政服務，刷馬桶，擦油煙機，搞了很多很大的動作推廣海底撈。

「因為我這些新的辦法效果很好，鄭州開店時就把我調到鄭州當店長。那時我自信心爆棚，想快速做出成績，自以為鄭州跟簡陽一樣，把簡陽的一些成功做法在鄭州強推，結果員工流失得很嚴重，跌了個大跟斗。鄭州沒有做好，張勇把我罵得自信心全無，也罵得我很冤枉。我被降職到北京做店長助理。當時正趕上家裡有一些問題，我怕到北京也做不好，又產生了不做的念頭。

「這次留下我的是張勇，他聽說我要走，就做我工作。於是，我又留下來了。我就這樣在海底撈幾上幾下做到現在。」

「張勇是怎麼做你工作的？」我問。

「他說了很多，具體我記不得了。但我只記住一句話：『你是不是還想祖祖輩輩當農民?!』」

海底撈的「嫁妝」

二〇〇九年四月，我在《哈佛商業評論》中文版發表了海底撈的案例。據《哈佛商業評論》的編輯們講，此文是他們雜誌進入中國十年來，影響最大的一篇文章。

一個火鍋店的案例為什麼能引起這麼大的反響？

因為火鍋是個最沒技術含量，最沒有市場准入，最不需要關係，從業人員素質最低，競爭最充分這麼一個行業。說白了，這個行業誰都能做，誰都明白。

然而，海底撈卻能做到，在火鍋的淡季三伏天，顧客仍要在它的門前排隊；而同行的火鍋店平均上座率卻不到一半。飲食業最講究上座率，因為餐廳只要一開門，不管有沒有客人，租金和員工的工資是一定要支出的，所以每多做一桌生意，就意味著多增加一份利潤或減少一份虧損。

海底撈的一枝獨秀不是曇花一現，海底撈進入北京和上海六年了，可是海底撈依然鶴立雞群！火鍋店又不是原子彈，同行怎麼就學不會？難道做火鍋的除了海底撈，別人都是傻子?!

這個案例甚至引起香港飲食業的注意。香港是世界美食之都，然而很多香港飲食業的過江龍在大陸卻沒有淘到金。我的一位香港飲食業朋友一天給我打電話說，他要來北京開一個港式海鮮火鍋，調查北京市場的時候知道了海底撈，也看到了海底撈的案例。

他說：「沒想到這個案例是你寫的，你一定認識他們的人，能不能幫我們挖一個海底撈的人，最好是你案例中寫的那個二十八歲的北京大區經理袁華強！」

香港人最直截了當，很多人以為錢能解決一切問題。在北京見面時，我跟他們說：「我不能挖海底撈的人，因為我挖不動。」

張勇有個不成文的規定，儘管沒成文，但張勇在海底撈是「神」。他說的東西，海底撈人真信。

張勇說：「在海底撈做店長超過一年以上，不論什麼原因走，海底撈都要給八萬元的『嫁妝』（海底撈店長很多是二十多歲的姑娘，其實是補償）。」

我問：「包括被競爭對手挖走？」

張勇說：「對。」

「為什麼？」這個答案完全超出我的想像，我盯著張勇問。

張勇說：「海底撈工作太繁重，能在海底撈做到店長以上的，對海底撈都有相當的貢獻。」

不僅是有相當的貢獻，有很多幹部，長期加班工作，體力和精力透支太大；有的幹部，年紀很輕就一身病。海底撈的採購大主管楊濱曾經創了一個紀錄，他在二〇〇四年三百六十五天沒休過一天假。

張勇說：「海底撈有今天，每個幹部都有一份功勞和苦勞。所以不論什麼原因走，我們都應該把人家的那份給人家。小區經理走，我們給二十萬；大區經理以上走，我們會送一家火鍋店，差不多八百萬。」

我有點將信將疑地說：「袁華強被人挖走，你會給他八百萬　」

「對，袁華強今天要走，海底撈就會給他八百萬。」張勇低頭若有所思，平靜地回答我。

儘管我知道欲擒故縱，可是張勇這個政策也真是劍走偏鋒，非一般人敢用。看來真是：與眾不同，不一定能勝；但不與眾不同，一定不能大勝！張勇是個走極端的人。

人心都是肉長的，袁華強能被挖走嗎?!

我長出了一口氣，我知道袁華強不會被我和任何人挖走，至少在張勇這個「神」沒有糊塗的時候。

海底撈剛進入北京時，非常不順。租第一個房子就讓人給騙了，而且整整騙去三百萬，那是當時海底撈賬上的全部現金。

「人找到了嗎？」我問張勇。

「找到也沒用，那夥人中還有個退休法官，人家早就設好了套，我們不懂。」

我又問：「你聽到他們被騙的消息後，罵沒罵人？」

張勇說：「我哪敢罵?!那個主管經理已經急得兩天吃不下飯了，那幾天電話我都不敢給他打。後來聽說他們要找人綁架那個騙子，我才給他打電話。我說，你們就值三百萬？馬上幹正事吧。」

我又問：「你真沒怨他，真沒心疼？」

張勇說：「我當然心疼，那是我們當時所有的現金。不過，我真沒怨他。因為我去租，不也要受騙嗎！」

各位老闆，讀到此請問自己一句話。如果你碰上這樣的事，你會這樣想嗎？

難怪在海底撈十幾年的歷史中，上百個店長以上的幹部，只有三個人拿走了海底撈的「嫁妝」。

然而，「林子大了，什麼鳥都有」。人也是如此。去年一個店長辭職加入競爭對手後，拉走了後廚經理、大堂經理和好幾個領班；而且就在海底撈新店的對面開了一家火鍋店。可是她竟然也回來，要這筆嫁妝。這次張勇食言了。

什麼人需要公平？

人一出生就是不公平的。生在非洲有些國家的人，壽命很可能只有四十多歲；生在美國的人，可能活到七十多。八〇年代後生在中國農村的人，有九十%的可能是農民工；八〇年代後生在北京和上海有正式戶口的人，理論上一輩子不用打工，因為爺爺奶奶姥爺姥姥爸爸媽媽至少會給他留下兩套以上的住房，他可以住一套，租一套。

追求公平從來就是窮人的DNA，因為窮人認為世界對他們不公平。海底撈員工的主體是農民工，自然是最渴望公平的群體。海底撈追求公平的企業文化準確地打中了他們這一精神訴求。

海底撈所有管理幹部必須從服務員幹起的這條鐵律，讓楊小麗、袁華強、謝英和林憶這些沒有學歷，但有管理才能的員工通過晉升到管理職位改變了命運；有業務能力的人，也可以通過後勤晉升通道，成為財務、物流和維修等業務人員而改變命運。

那些既沒有管理才能，也沒有業務能力，但任勞任怨、踏實肯幹的人在海底撈能不能改變命運？

也能。在海底撈，普通員工如果做到功勳員工，工資只比店長差一點。千萬不要忽視一個保潔阿姨的作用，如果她整天整年樂呵呵地掃，她就是一個活雷鋒，這對所有員工都是一個激勵和教育。不僅如此，她還會帶出能達到海底撈洗手間的清潔和服務水準的徒弟。千萬不要以為讓一個面對普羅大眾的中國餐館的洗手間，一年三百六十五天沒有味道是一件容易的事！

西安四店的小鳳說：「我是前廳的服務員，一天我被臨時調到電話間接電話，電話間斜對面是洗手間。

「您好，請問找洗手間吧？您好，男士在這邊，謝謝。您好，請擦一下手。這幾句我不熟悉的服務用語，不停地從洗手間那裡傳過來。這是保潔組大姐毛俊輝在為顧客服務。讓我驚奇的是，一天下來了，毛大姐至少說了幾百句這樣的服務用語，可是她每次說的時候，總像是我們上第一次培訓課時，跟著培訓老師的語調學說服務用語。她那有些地方口音的語調，極具感染力，我在電話間裡都能感到熱情，搞得我接電話時幾次走神。

「客人還沒到門口時，毛大姐就迎上去主動詢問；客人用完洗手間時，大姐主動給客人開水龍頭、擠洗手液和拿紙巾。更可貴的是她也能像我們的服務員那樣，利用與客人接觸的一兩分鐘，了解他們對海底撈的看法。記得一個客人有些不滿地說：你們這裡吃飯可真是麻煩，要等這麼長時間。大姐馬上說：非常抱歉，辛苦您等座了。一個客人說：你們這裡生意真是好。大姐會說：多謝您，都是顧客支持。

「毛姐只是一個清潔工，她不像我們有長時間同客人交流的機會，但她對客人的反應，讓我這個做服務員的自愧不如。毛姐的努力贏得很多顧客的好評。記得一次我服務三十二號桌，那桌客人是第一次慕名而來。其中一位姓張的客人性格很開朗，席間他去了一趟洗手間，回來就滔滔不絕地說：真是不一樣，這是西安最乾淨的洗手間，比我們家的還乾淨；不僅如此，還有人給開水龍頭，遞毛巾。你們每個人都要去，否則就不算來海底撈吃飯。

「那一刻我覺得很自豪，也為毛姐感到驕傲！」

在研究海底撈案例時，我的一個助手曾專門研究海底撈的洗手間，他說：「海底撈洗手間的衛生水準絕對能達到五星級酒店的水準，但比五星級酒店洗手間的服務還好，因為海底撈的洗手間還有人遞毛巾和開水龍頭等服務。如果考慮到海底撈洗手間的使用頻率遠高於五星級酒店和中國人使用洗手間的習慣，我們有理由得出結論——海底撈洗手間的管理水準絕對世界第一。」

西安四店賀肆林說：「我進入公司雖然只有四個月，但我能理解雙手改變命運的道理，我以前在一家合資企業做，每月也有一千多元，但攢不到錢。我在那家公司做了四年多，攢的錢還不如在海底撈四個月多。

「一次休假我去逛街，碰到我們上菜房的一名洗菜阿姨，她和丈夫都在海底撈上班，閒聊時提到他家的情況，他們告訴我，來海底撈後，他們倆每月能攢一千七~一千八百元錢，現在正在裝修房子，買家電，準備明年就把兒媳接進門。

「我們店還有一位陝西阿姨，皮膚較黑，非常粗糙，她很樸實和節約。她家境不好，家在很遠的山區。有一天下班我碰到阿姨正在喝飲料和吃薯片。我聽的MP3她也要借來聽一聽，真沒想到阿姨的愛好這麼廣泛，而且還很前衛。如果她沒來海底撈，可能還是守著一畝三分地的家庭婦女，是海底撈改變了阿姨，給她提供了一個公平的舞臺，讓她靠一雙肯幹的雙手改變了命運。」

我們訪談過的海底撈員工，大多數都認為海底撈比別的企業公平，因為海底撈對員工的評價只有一個標準——能不能幹？

公平感是所有企業最難解決的問題。一個企業如果不以工作好壞為唯一標準提拔和獎勵員工，就必然會設定一些其他標準，比如學歷、資歷、背景等，於是，一碗水就很難端平了。

人是群居動物，公平感主要來自於和同類的對比。中國長期以來的城鄉差別，使得幾近認命的農民不再奢望同城裡人比，但是他們會同自己人比。如果在一個大部分是農民工的企業中，他們追求公平的希望又受到挫敗，比如老闆的小舅子可以對他們呼來喊去，一個員工靠漂亮臉蛋就能拿最高的獎金，剛來的MBA連上菜都不懂一下子就當上經理助理……他們一定不會感到幸福。

人不幸福，不僅衛生間掃不乾淨，對別人自然也不會友善。難怪很多餐館，儘管天天有人檢查衛生間的清潔程度，依然味道熏天；天天強調的微笑服務，成了皮笑肉不笑的苦笑。

張勇知道要想讓服務員對客人好，就必須讓服務員感到幸福；讓服務員感到幸福，不僅是吃飽住好，還要公平。

公平為什麼重要？因為公平不僅是分蛋糕，還涉及到人的希望和尊嚴。

一個煤老闆在北京最貴的社區住著，孩子在北京最好的學校讀書，他跟我說：「別看我現在有錢，但在北京我感到沒尊嚴。我每次去學校，校長都得見我，但那是看在我給學校捐款的份兒上。如果沒有捐款，他們能讓我孩子進去讀書？他們這是對錢的尊敬！」

這個煤老闆為什麼不滿意？因為戶籍制度給他帶來不公平，如果他孩子是北京戶口，他就不需要捐款。

員工是一個一個吸引的！

在海底撈，有兩句眾所周知的張勇語錄。一句是「客人是一桌一桌抓的」，另一句是「員工是一個一個吸引的」。

海底撈鄭州片區總經理馮伯英就是一個典型的「員工是一個一個吸引的」例子。她剛加入海底撈時，也是一個從農村來的女孩。

她說：「由於我父親過世早，家裡非常貧窮。我來海底撈的時候，是一個什麼都不懂的農村黃毛丫頭，我連黃喉和毛肚都不知道是什麼東西，以為是地裡長出來的。我剛開始非常笨，只是比別人更踏實和認真。我當時作夢也沒想到，我現在還能當上海底撈的經理，拿著比國營單位還好的福利待遇。

「回憶起來，我為什麼能在這裡死心塌地地幹？因為我覺得老闆人好，公平，雖然他對工作要求很嚴，但是做得好就有提升的機會；於是，我越幹越有勁，學東西越來越快。

「還有老闆沒有把我們當打工的，我們都是從農村來的，見識少。我剛來時張大哥和施哥（海底撈的另一個股東）經常帶我們去公園裡玩耍，照相，划船；過年帶大家一起去歌廳唱歌，吃年夜飯跟我們一起喝酒划拳，讓我感覺不出自己是個打工仔。

「平時街上有什麼好吃的，張勇的太太（當時也在海底撈工作）和李海燕姐（施哥的太太，當時也在海底撈工作）買回來給大家分著吃。我印象最深的就是當時海底撈樓下的東東包和油果子。

「還有我生病時，住在我們縣醫院。那時剛好發大水，路全都沖爛了。我根本沒想到張勇大哥親自來看我，還給我留下錢，囑咐我好好養病，多買一點有營養的東西吃。還有一次，我母親過生日，李姐還親自去我們家送了紅包。

「我當上負責人後，每當工作有壓力時，就想打退堂鼓，可是公司從來沒有責怪我，而是從思想上幫助我解決問題，幫我一起找方法。於是，我就這樣被一步一步被吸引著堅持下來，走到了今天。」

上海五店的黃金仙是一名大學畢業生，他在談到融入海底撈的過程時說：

「我當初西裝革履，懷揣簡歷在虹口體育場的招聘會上彷徨，無意中從海底撈的攤位經過，就在轉身之際，海底撈的招聘員工熱情地向我問好。礙於面子，我坐下來同他們諮詢了幾句，填了張表就離開了，甚至連簡歷都沒捨得留下。可是形勢比人強，好的就業機會太少，作為權宜之計，我來到海底撈。試用期的時候，其他單位也來過幾次複試電話，我幾次想離開，但都被海底撈的一些不尋常的小事所打動，最終讓我選擇留下。

「上個月二十五日晚，店經理黃姐去開會，大堂經理和領班又都休假，人手顯得緊張。我當時發燒到三八．六度，工作很吃力。恰巧當晚又輪到我加班，代理領班把我的情況告訴給代理大堂經理鍾哥。鍾哥馬上安排別人替我加班。中間巡台時，他還特意過來看我幾次。我體力透支嚴重，客人高峰期一過，走路都開始搖晃。代理領班馬上讓我提前下班，當時我雖然燒得渾身發冷，但心裡暖暖的。

「回到宿舍倒頭就睡，不知什麼時候被人叫醒，一看是工會成員李守業。他帶來水果、脆皮腸還有豬蹄熬的營養粥。我手捧著熱騰騰的粥哭了。

「晚上下班後，室友們都來問候我。李文看我的被子被汗水浸濕了，馬上給我換了床乾被子。王朝玉半夜起來，看我的體溫升到了三十九度，硬把我拽起來去醫院。店經理黃姐知道後，特意打電話來問候，並批了我三天假。

「很久沒有敲鍵盤了，我今天終於鼓起勇氣把我在海底撈的感受寫出來，希望與每一位海氏員工共用。感謝海底撈，感謝我的同事，我選擇紮根在海底撈，是你們讓我感到了家的溫暖。」

北京四店的許陳晨也是一位大學生，她說：

「當我提著行李走進海底撈宿舍時，我一下子迷失了，完全找不到當學生時的自信。我讀過大學，可是我端起盤子時，腦袋裡一片空白，什麼都不知道，甚至分不清醬油和醋，眼淚就在眼眶打轉。我怕人家笑我，強忍著沒哭。

「我師傅是個男同志，他很耐心地跟我反覆講解服務程序，並告訴我不要緊張，要把客人當成朋友。但我仍然很緊張。第一天就在手忙腳亂中度過了。我打碎了煙灰缸，搞翻了香菜碟，告訴客人葉兒粑是蒸蛋；最後還燙壞了手，結果眼淚還是流出來了。

「第二天我跟師傅說，我是不是很笨呀，總給你添麻煩。還沒等我說完，他就打斷我說：人都是從不會慢慢到會的。我鼓勵你犯錯誤，就是怕你不犯錯誤。這一次你犯了錯誤，下次就不會犯了。你有什麼不懂的，可以隨時問每一位同事，他們都會跟你說明。

「他一邊鼓勵我，一邊一個菜一個菜地給我講解，帶我熟悉環境，教我擺台。可是第二天我仍然不時地犯一些小錯誤。我的師傅就像一把傘，幫我遮雨避風，幫我救火，我就像傘下一隻哭紅了眼睛的小白兔。

「有一天，我的師傅沒上班。我跑遍店裡每一個角落都沒找到他，後來同事告訴我，師傅生病回家了。我不敢相信，怎麼可能呢？但這終究是事實。我一方面擔心師傅的身體，另一方面又擔心沒有他我該怎麼辦。

「慌忙中，我想起師傅的眼神和他的話：陳晨加油啊！我跑到一個角落，掏出服務程序，仔細默讀了幾遍，又仔細回想過去幾天的實踐，心裡安定了一些。這時來了一桌客人，我開始一步步為他們服務，並試著和他們交流。

「得知他們其中一位阿姨過生日，我悄悄安排了顧客的生日程序，並送給他們一份生日果盤和一碗長壽麵。當得知她的兒女都在國外時，我就說：『阿姨，今天是您的生日，我把您當做媽媽，您也把我當女兒，讓我給您過生日吧！』這時大廳裡放起了生日歌，我和阿姨一起切了蛋糕，阿姨感動得哭了。走時，她把電話留給我，讓我去她家裡玩。

「上學這麼多年，我還從來沒有給自己的媽媽過過生日。看到這個媽媽的幸福樣子，我也很開心。我把阿姨給我的名片夾在日記本裡，並在旁邊畫了一個媽媽的笑臉。

「又過幾天，店經理給我發了正式員工的工牌，我成了海底撈正式的員工，但我知道要學的東西還很多。師傅，請你放心吧，我會永遠記著，陳晨加油！」

組織行為學有一句話：人與組織的關係，其實就是與人的關係。人離開一個組織是因為要離開某些人，人加入一個組織也是因為某些人。

是善良，還是聰明？

人和人不一樣，同是從農村來到海底撈打工的人，對城市物質生活的反映不同。北京三店的楊玉梅，是一個陝西農村來的姑娘，對她身邊一些同事的變化很看不慣，她在海底撈雜誌上寫了一篇《樹高千山忘不了根》的文章。

她在文中寫道：「有一次中午下班，我和幾個同事去逛街，他們每個人都買了零食，一邊走路一邊聊天一邊吃。有一位大姐說，玉梅，你什麼都不買，平時也捨不得買衣服，人家都瞧不起你。你現在還年輕，該花的就要花，不花以後就沒有機會了。然後，他們幾個就一起說起來，應該怎麼消費和享受。

「我聽了，心裡很不是滋味。父母把我們養大，是任由我們在外花錢？現在有的員工進餐館吃一次飯就花幾百元，可是我們的父母卻在家省吃儉用。我的家沒有什麼經濟來源，我不能和別的同事比。我的家鄉都是以種地為生，我爸爸只有小學文化，為了讓我和弟妹讀書，他去城裡打工。

「我以前不知道爸爸在城裡打工的辛苦，直到我輟學後也外出打工時，看到那些農民工找不到工作時，寧可餓肚子也捨不得買三元錢的麵，而我的同事們隨便吃一袋零食就要三元。

「我去西安一個勞務市場找工作，看到一群群或站或蹲的叔叔阿姨都是來自農村的農民工。他們穿得很破爛，身邊放著我所熟悉的工具箱。他們每天都會在那裡等活兒；有的，晚上就在那裡打鋪蓋過夜。那個地方，我們村的人最多，不管春夏秋冬，他們總會在那裡。在我的記憶中，爸爸每次從城裡回來都會給我和弟妹買一些好吃的，而他背著同樣的工具箱。

「我媽媽很善良、樸實。在我的記憶中，她從來沒有買過新衣服，而總是買布自己做。全家人的衣服和鞋都是媽媽做的。冬天是缺菜的季節，媽媽把白蘿蔔葉子切碎，放在缸裡用鹽醃了。這就是我們家一冬天的主菜，蘿蔔是留著過年吃的。過年時，爸爸會買回一袋米，平時就幾乎不買米了。弟弟妹妹不懂事，看到人家小孩吃米飯，就回家要。因此，媽媽做飯有時會做兩樣，米飯給弟妹吃。

「我們家雖然很窮，但很溫馨。父母年齡漸漸大了，身體都累垮了。媽媽的腿兩年前檢查出骨質增生，胳膊也很疼，嚴重時都拿不起鍋蓋。她不能自理時，就只能讓在西安打工的妹妹回家照顧。

「爸媽為我們付出得太多了，他們看上去很憔悴。爸爸有胃病，但為了生活，他現在還是每天早起去找活兒幹，開拖拉機給人家拉石頭。現在是冬天，我能想到媽媽還是蹲在河邊的大石頭上，趴著洗衣服，她手上裂開了口，就在晚上用一毛錢的棒棒油擦擦。媽媽在冬天會給我們買一元錢的擦臉油，現在我還是用這樣的擦臉油。

「從我懂事起，爸爸媽媽就從來沒吵過架，也沒有同別人吵過架。我出來工作，爸爸對我說：不要跟別人吵架，要多幹活兒，少說話，不要在小事上斤斤計較。但在我這個小集體中，我經常會聽到一些髒話。有一次我做錯了，一個女孩說，把老子惹毛了，看誰能罵過誰？平時在工作中，有些同事為了一點小事也互不相讓。

「我不知道我身邊這些員工家裡是否很富裕，但我估計大多數情況比我好不了多少。我們在海底撈打工和在工地上打工是天堂和地獄之別，我們每天吃不同的菜、白米飯，下班有暖氣，房間有人打掃。即使這樣，遠在家鄉的母親也很擔心，經常問吃得飽不飽？囑咐天冷要買衣服穿。

「而我們為父母想過多少？回報了什麼？平時有沒有給家裡打電話？在寒冷的冬天想沒想過給家裡買一台洗衣機？我身邊有的同事，從來沒有提過父母，一年半卻給自己換了三款手機。我身邊有很多員工，上班幾個月了，從來沒有給家裡寄過一分錢。其實，現在海底撈的有些員工已經形成一種攀比風氣，發了工資很快就花光。

「我不能這樣做，因為我不忍心。我的父母雖然沒有給我好的生活條件，但他們把所有的東西都給了我們。為把我們撫養大，他們受盡了辛苦；我們大了，他們又要用全部積蓄給我們蓋新房，卻從不提他們的苦。

「我雖然來到海底撈，過著比以前好得多的生活，但我不會忘記我的父母。」

在研究海底撈的案例時，我問過海底撈十幾個來自農村的年輕服務員會種地嗎，他們都笑著搖頭。

對農民工來說，城市的誘惑不可抗拒。城市就是「海洛因」。巨大的城鄉差別把他們從土地裡連根吸出來。他們需要的不是種地，而是在城市的生存技能。然而，人不僅是工具，當他們掌握一種技能時，同時也就學會了這種技能的生活方式。

城市是物質的，物質是供人享樂的，而享樂是無止境的。海底撈是城市物欲橫流的一葉扁舟，不可能不隨波逐流。但是在這條船上的人卻不盡相同。

海底撈需要什麼樣的人？

張勇說：「我們無法要求每一個普通員工對海底撈保持絕對忠誠，處處為海底撈想，這不現實。只要他能對自己的家庭負責，為自己的生活和後代負責，那麼他就會努力保住這份工作。」

像楊玉梅這樣的人無疑是符合這條標準的員工。在繁華的城市，做這份被人看不起，又十分繁重的活兒，沒有責任感是堅持不下去，也不會幹好的。

張勇很聰明，為了強化海底撈幹部對家的責任感，海底撈每個月還給領班以上的員工父母們發一份工資。錢不多，按照不同幹部的等級，每月也就幾百元。

張勇說：「我們的員工大都來自農村，他們的父母沒有任何社會保險，海底撈就當給他們父母發保險金了。如果他們不好好幹，他們父母都幫我罵他們。」

有人說：「張勇真聰明，羊毛出在羊身上，發給父母的錢本來也是員工的。」

還有人說：「張勇這個人真善良。」

員工也是顧客

賣麻辣燙出身的張勇知道，靠服務取勝這根定海神針掌握在海底撈一線員工手裡。他經常對他的員工講：海底撈不論成功或失敗，一定都是從基層開始；第一線最重要，因為顧客在第一線。

其實，這個道理是常識，不僅張勇明白，誰都明白。正所謂：知屋漏者在宇下，知政失者在草野。可是能把這個道理落實好就不那麼容易了。

公司大了，必然要有各級管理者。管理者要處理的問題同員工要處理的問題相比，誰的更重要？對絕大多數企業來說，當然是老闆最重要，然後一級重要過一級；於是，官僚主義就形成了。

中國人的服從文化特別容易導致官僚主義，隨著海底撈不斷變大，官僚主義自然也滋生了。比如，張勇以前到各店巡察，自己一個人就來了；可現在海底撈卻不知不覺形成了張勇每到一地當地一把手都要接機的慣例。

張勇意識到了這個問題。喜歡走極端的張勇，用他特有的方式來對抗他認為不對的事情。張勇在二〇〇六年對員工的新年致辭中說：「當你同我談話時，你的手機響了，你的員工找你，我們就終止談話，你優先處理你和員工之間的事情；當你和員工談話時顧客需要幫助，你和員工就要終止談話，首先要做的是立即幫助顧客。這就是我講的以顧客滿意率為中心的優先法則。隨著年齡的增加，我現在逐漸明白了，『顧客』的定義應該被更為廣義地解釋——包括我們員工在內。」

張勇把員工提高到顧客的位置，道理不說自明：如果員工也是顧客，那麼員工自然要比領導重要。不過張勇的道理不那麼完善，正確的說法應該是：在制定公司戰略和制度的問題上，領導重要；在服務客人的問題上，員工重要。

然而，矯枉必須過正，四平八穩的正確說法最沒用！

張勇的話在海底撈就是指示，就是制度，海底撈有一支執行力極強，完全認同張勇價值觀的幹部隊伍。他們的可貴之處是能把張勇並不完善的制度落實到實處。

海底撈的財務總監苟軼群是海底撈目前學歷最高的高管，他加入海底撈前曾在學校教會計。海底撈剛去西安開店時，他幫海底撈做賬。做著做著，被海底撈吸引了，學校的教職不要了，加入了這支農民工的隊伍。

他在教育海底撈財務人員時舉過這樣一個例子，他說：

「今天我同海底撈西安的成本會計李靜談話時，她激動地講了一句話：我們是幹什麼的？這是源於她今年元旦去海底撈店裡核對成本時，看到人手不夠，生意太忙，於是臨時放下財務工作，鑽進廚房幫著後廚人員洗了半天碗。

「事後，一名普通員工的話讓她深有感觸。那個員工說：沒有哪個財務人員能在這裡堅持洗半天碗。因此，引發了李靜關於『我們是幹什麼的』思考。

「我們作為財務人員的職責是什麼？這是一個早已耳熟能詳的話題。我們的職責當然是服務、監督、控制和核算，我們是店長的財務助手。但這些職責落實到一個點是什麼？那就是在最合適的時間，做對海底撈最有利的事情。

「如果一個成本會計在檢查上菜速度時，發現速度沒有達到標準，於是他來到上菜房，結果發現已積壓了很多上菜單。這時他有兩種選擇，一是記錄問題，準備向經理反映；二是放下記錄和檢查工作，馬上幫助上菜，並在上菜過程中了解問題的根本所在，但他必須晚上加班，才能完成自己必須完成的成本控制表的文案工作。

「現實中，我們的大多數財務人員會選擇哪種處理方式？肯定是第一種。為什麼會這樣？我相信海底撈大多數財務人員並不排斥到店裡幫忙，但都認為首先應該完成財務的本職工作。這個道理乍聽起來是對的，財務人員的工資一般要比服務員高一倍，去幹服務員的活兒是浪費。

「但我們這樣想的時候，卻忘了我們作為海底撈財務人員的根本問題，這就引發了李靜的『我們是幹什麼的』問題。我們的一切工作都是圍繞讓顧客滿意這條根本原則。如果『顧客滿意』受到威脅，海底撈將不復存在，那麼我們的一切工作都將失去它的意義，包括我們的成本控制表。

「所以，放下手中的事情，馬上投入到讓顧客滿意的工作中去，才是海底撈財務人員的正確做法。

「那是不是說財務工作就不重要了呢？當然不是。問題是我們直接參與到業務實踐中與把財務工作做好不是矛盾的。拿剛才的例子，如果上菜慢的問題是偶爾的，那它絕對不會影響財務人員把財務工作做好。恰恰相反，幫助業務人員發現問題，解決問題，從而提高效率不正是我們財務工作的終極目的嗎？

「因此，為了把財務工作做好，偶爾到店裡加加班幫幫忙也是不錯的（當然我不鼓勵大家放棄休息，長期加班，那樣做一定效率低下）。

「也許有人會問，那要是每天都需要我去上菜房幫忙呢（必須承認這種現象，在我們公司有可能存在）？那一定是我們的管理體系出了問題，那就更需要了解清楚，向更高一層的領導反映。

「不可否認，我們有些財務人員已經人為地把自己放到一個較高的位置上，認為不能去做上菜洗碗那種服務員做的事情。這種思想雖然不是主流，但確實存在。如果我們不加以重視，就會蔓延開了。所以請每位同事要自我反省，如果這種思想在你的工作中反映出來，我一定會把你清除出海底撈財務人員的隊伍。」

看了苟總監的講話，曾經做過成本會計的我倒吸了一口氣，看來海底撈與眾不同的不僅是服務員。

海底撈現在有上萬名員工。海底撈總部在北京南三環附近一個非常不起眼的辦公樓裡，總面積只有五百平方米，而且還包括半個夾層；張勇在總部沒有辦公室，苟軼群這個管錢大總管的辦公室不到十二平方米。同海底撈餐廳並不豪華的裝修相比，海底撈總部仍然顯得過於寒酸。

寒酸嗎？不寒酸！

員工如果是顧客的話，幹部就是服務人員；如果是服務人員，自然就不應該那樣氣派！人都不傻，需要被提醒，勝於被教育。企業裡誰最重要，正常人一眼就能看出來。

腹有詩書氣自華

海底撈不按資歷和學歷，只按能力的晉升制度是海底撈服務差異化戰略的核心。一個沒有服務員經歷的管理者，再換位思考也是近台看戲。可是看戲，哪怕是資深票友，也不會真正理解以唱戲為生的壓力與追求。這套晉升政策除了能保證管理層知道服務員的冷暖和壓力外，更重要的是讓絕大多數員工感到公平，因為他們大都是沒有讀過大學的農民工！

二〇〇六年海底撈董事會決定成立工會。工會本來是工人自己的組織，但張勇為海底撈的工會賦予了特殊的使命，他在工會成立時發表了重要指示，他說：

「我們十一家店去年接待了三百萬顧客，這些顧客絕大多數是衝著海底撈人的勤奮而來，這足以證明相當一部分海底撈的員工是優秀的。既然我們有這麼多優秀的同事，我們為什麼不把他們組織起來，再由他們去影響更多人，留在海底撈努力工作（這是張勇成立工會的目的）。因此，我需要最優秀的人加入到工會組織中，工會應該是海底撈的先進組織。（張勇真能發明創造！）

「一個無法迴避的實事是，我們絕大多數員工來自農村，他們有一個共同的特徵就是沒有受過良好的教育，因此不可能像公務員和白領那樣過上體面的生活。在陌生的城市，他們幾乎沒有任何有效的方法受到這個社會的尊敬。

「為什麼這樣？這一切怪誰？我們可以改變嗎？我的答案是：誰也別怪，要怪就怪我們自己。北大清華每年招那麼多學生，你能考得上嗎？你知道要付出多少汗水和智慧才能得到大家的尊重嗎？既然我們已經失去了一些東西，那麼我們就只能靠剩下的本錢改變命運。這不是可不可能的問題，而是必須竭盡所能去改變。否則，我們的員工一輩子都要待在社會最底層，我們的後代也將重複我們的命運。因此，我們必須有一個組織來說明和關心基層員工的成長，這個組織就是我們的工會。

「每一個工會會員都必須明白一個基本道理，我們不是在執行公司命令去關心員工，而是真正意識到我們都是人，每個人都需要關心與被關心，而這個關心基於一種信念，那就是『人生而平等』。

「如果我們的會員意識到這點，我們就應該知道工會不僅僅要關心員工的傷風感冒，更重要的是為他們提供改變命運的平臺。那就是拼命吸引更多的顧客來海底撈吃飯，不斷開分店，提供足夠的職位來改變更多海底撈人的命運，這才是對員工真正的關心。

「我要告誡大家的是：在你申請成為會員的時候，你一定要明白我需要的是真正善良的人，自願從事這項偉大而煩瑣的工作。如果你不明白這一點，我堅決不同意你加入，即使由於我的疏忽讓你混進工會，我也一定想辦法把你找出來，踢出去。」

我問張勇：「我看了你在海底撈內刊上發表的所有講話，你多次提到『人生而平等』這五個字，而且還打了引號；也有很多員工引用了這句話，你們知道這句話的出處嗎？」

張勇說：「員工可能不知道，但我知道。這是法國哲學家盧梭說的，美國總統傑弗遜在《獨立宣言》中也說過。」

我又問：「這些書你都讀過？」

張勇說：「讀過，而且很小的時候就讀過。」

原來張勇小時候，家雖窮，但母親是小學老師，家裡總有一份《少年報》。因此，張勇從小便養成一個與大多數孩子不同的愛好——看報。這個愛好非同小可，它不僅改變了張勇的命運，也改變了成千上萬海底撈員工的命運。因為看報讓張勇學會了閱讀，閱讀能打開一個人的心靈。

張勇從小就是孩子頭兒，可是在十四歲的時候，他遇到了人生第一次打擊。那是男孩子變成男人的生理發育期。不知何故，張勇的變聲期格外長，差不多一年的時間，他講話的聲音總是不男不女。這個時期正是男孩子開始渴望引起異性注意的時候，可是公鴨嗓的張勇在女孩面前卻不敢張口。

然而，「領袖」是高傲的，張勇不能忍受被人恥笑。此時，閱讀愛好幫他找到了解脫，他一個人跑到縣城的圖書館躲了起來，整整躲了一年，用書籍壓抑他體內荷爾蒙的騷動。

幸運的是，二十世紀八〇年代的簡陽有個免費的圖書館。他很快就看完了圖書館裡的言情和武俠小說。於是，這個十四歲男孩開始把躲在角落裡的盧梭、尼采、柏拉圖、孟德斯鳩等西方哲學家的書囫圇吞棗地看了一遍。不僅如此，他還找到一切可以打發時間的書籍，甚至把《第三帝國的興亡》讀了三遍。八〇年代中期，恰逢中國剛剛開放，自由主義的思潮瀰漫於各種報紙，每天在圖書館瀏覽各種報紙也成了他的必修課。

那時，很多成年人甚至都不知道世界上有基督教和上帝這回事。然而，一個十四歲的青少年，不管是否看懂，竟有耐心看完《上帝死了》這樣的書。我很好奇，這種不是被迫的、囫圇吞棗式的閱讀，會在一個年輕的腦袋裡，產生什麼「化學」反應？

我忍不住問了張勇一個很傻的問題：「這些書對你最大的影響是什麼」

張勇思索了一下告訴我：「天賦平等的人權和尊嚴。」

接著張勇跟我講起一件事：「海底撈北京望京店門前曾發生一起事件，一個賣水果小販的三輪車被城管沒收了，這是這個小販第二輛被沒收的三輪車。小販與城管糾纏起來，情急之下拔刀砍死城管。城管被追認為革命烈士，小販就成了殺人犯，要立即槍決。那段時間報紙上經常有關於這起案件的辯論。有人說：自古都允許小販走街賣貨，這是窮人求生的權利，為什麼現在反而不許？也有人說法律就是法律，殺人償命。」

張勇說：「這些辯論集中在要不要留那個小販一條命，因為故意殺人罪也可以判死緩。我仔細看了這些辯論，感到一個社會的公平太複雜了，我實在搞不明白，也管不了，但在海底撈，我能說了算，我要盡量追求我認為的公平。」

「腹有詩書氣自華。」沒上過大學的張勇，談吐起來有股書卷氣，難怪土土的海底撈有著一種底蘊。

村看村，戶看戶，群眾看幹部！

海底撈很少請外面的老師對員工進行培訓，原因很簡單，中國很少有老師做過服務員。海底撈試過，讓那些只懂理論和案例的人給海底撈員工培訓，效果是隔靴搔癢。因此，海底撈的培訓師大都是內部的幹部，他們無一例外地都在基層幹過服務員，而且是出色的服務員；不僅如此，他們的語言表達能力都很強。下面我摘錄海底撈幹部培訓的兩段內容，請讀者看看海底撈的培訓效果。

方雙華是海底撈西安片區的經理助理，他在培訓領班時說：

「領班每天與員工生活工作在一起，下面連著員工，上面連著店長，是企業的黏合劑，作用很重要。怎麼做好一個領班？我覺得我們農村人常說的『村看村，戶看戶，群眾看幹部』這句話，是一個很有用的啟發。

「領班的第一職責是起到帶頭作用。帶頭作用不僅是指上班時，髒活兒累活兒幹在前，也包括下班後，對公司制度要起帶頭的執行作用。比如我們一個店長，過年聚會時她作為紀律向員工鄭重宣布，大家不要喝醉。結果所有人沒醉，她醉了，醉得大鬧宿舍，成為大家的笑談。為此，她的威信大打折扣。

「領班的第二職責是關心員工。一個好的領班不能只把關心員工理解為有病關照和關心生活，更重要的關心是教會他們獨立生活，承擔責任，不斷進步。如果一個員工在你手下連續做了兩年的普通員工，那麼你在生活中再關心她，她事後也不會感激你。為什麼？你耽誤了人家的青春。要麼讓她進步，要麼放棄她，讓她去別的地方謀發展，這才是對員工最好的關心。正如張大哥對我們的關心一樣，他讓我們用雙手改變命運，這比任何關心都更有效，更長久。

「第三職責是協調安排。如果一個領班只會起帶頭作用和關心下屬，不會協調安排，那他只能當勞模。我們有些領班就是不明白這個道理，客人多時，他們不是在上菜，就是在走動，忙得不亦樂乎，可是有些新員工卻在手足無措地站著。領導批評他們，他們還很委屈。這些領班就不知道螞蟻搬家的道理，所有螞蟻都能忙，但一定有一隻大螞蟻在旁邊協調安排。」

好一個方雙華，他對幹部的理解可謂爐火純青！沒有實際管理經歷的人，不可能說出這樣的話。

北京小區經理謝英在談到員工流失時說：

「作為一名管理者，我們一定有很多壓力。對我來說，目前讓我感到壓力最大的是員工離職問題，因為現在餐飲業不容易招人。

「記得我們剛來北京時，很多本地人非常排斥我們，看不起我們這些不懂城市規矩的農民工。為了改變人家的印象，我們制定了一系列員工行為規範，比如，過馬路不許闖紅燈，不許踩草坪，不許隨地吐痰等等。

「有一天，一名員工踩了草坪，我讓他在員工大會上向大家檢討，結果他拒不檢討。我一氣之下，就作出了開除他的決定。我的領導袁華強知道此事後，認為不應該開除，於是他同那名員工作了細緻的溝通，把他調到另一個店工作。現在這個員工已經成為海底撈四年的老員工了。

「這件事讓我明白了，作為一個領導，我們必須要有寬容之心，不能因為手上有權就濫用。如果這名員工被我開除了，不僅海底撈會損失一名好員工，他心裡也會留下陰影，而他的命運將會走到另外一條路上。

「現在我對員工流失的問題處理得比較從容了。上個月，一名姓王的大學生提出辭職。我跟他說：小王，我很信任你，你一定要告訴我你離開的真實原因，要不我會很難受。因為我不知道我錯在哪兒，或者海底撈哪些地方做得不好。

「他終於告訴我是他爸爸在外地給他找了一份不錯的工作。我為他有更好的發展前途而高興，並告訴他，海底撈隨時歡迎他回來，如果買不到車票，他可以繼續住在宿舍裡。

「通過這件事我想跟大家分享的是，不要因為員工離職就同他成為冤家。我們要讓離職的員工對公司也心存感激。這樣，他們在走投無路的時候還會回來，他們也會為我們作宣傳。我們現在有很多是『二進宮』的員工，這些吃回頭草的員工的流失率要遠低於第一次來的員工，因為他們在外面走一圈後，知道還是海底撈好。因此，我們對待員工流失的眼光必須放長遠！

「現在我對每一個員工的離職都會分析，是正常流失，還是不正常流失，同時提醒自己是不是還有漏網之魚——潛在的流失；我們哪裡做得不好，是員工待遇的問題、晉升問題、評價問題、同事關係問題，還是員工不能吃苦。對這些問題，我們必須要細分，才能做到有的放矢。」

謝英在海底撈的第一份工作是洗碗，第二份是做員工餐，第三份才是做服務員，現在是北京海底撈的一個金牌小區經理。我問海底撈其他幹部：「謝英怎麼這麼能幹？」他們說：「謝英能培養幹部，她培養的店長，很多是一級的！」

我一個同學的父親叫梁炳文，二〇一〇年九十八歲在北京仙逝。此老爺子可不簡單，學的是飛機製造。抗日戰爭時做過四川空軍基地美國B–29轟炸機的翻譯，沒有他的翻譯，那些美國飛機不能在中國降落，也就不能炸日本人。解放後，他先後在清華和北航教書，一九五七年被打成「右」派。其中一條原因是他說了一句話：「外行領導內行，不是官僚，就是教條。」

我現在做了老師，經常被企業請去作培訓，一想到老爺子這句話，就有點心虛。現在，知道了海底撈的培訓，我更心虛了。

海底撈大學

二〇一〇年六月，海底撈正式創辦了自己的培訓學校，海底撈把它稱為海底撈大學。海底撈的員工更直接，乾脆把這所學校稱為「海大」。真有氣魄！

聽說海底撈要辦大學，我既高興，又期盼。高興，是因為我是海底撈的粉絲；期盼，是因為我想看看這所大學能辦成什麼樣？在「海大」開學的當天，我給「海大」寫了一封賀信。

人為什麼要上大學？因為要學更多的知識。人為什麼要學更多知識？因為知識能讓人的素質更高、能力更強。人為什麼要素質更高、能力更強？因為素質高、能力強的人，對社會更有用。人為什麼要對社會更有用？因為對社會更有用的人，賺錢更多。

人為什麼要賺錢？因為錢能帶來幸福。

對嗎？錯！

錢不能帶來幸福，那些有大把錢的富二代們未必幸福；賺錢才能給人帶來幸福。人家把自己的錢心甘情願掏給我們是對我們能力的承認，因此，讓社會承認才是幸福！

所以大學的真正目的應該是增加人的幸福感！

可惜，這個目的被很多大學忘記了，它們只注重知識的傳承，忽視了能力的培養。於是，這些大學每年源源不斷地製造出那麼多不幸福的畢業生——畢業就失業。

人不幸福，對別人不會友善。海底撈員工為什麼對顧客那麼友善？原因就是海底撈的員工更多地受到了顧客們的承認——他們排隊等著給我們掏錢！從這個意義上說，海底撈已經是中國餐飲業的一所學校。這就是為什麼那麼多同行挖海底撈的人，因為這所學校的「畢業生」能力強！

然而，商場向來是不進則退的戰場。如果海底撈學校的畢業生在今天的競爭中可以取勝，明天的競爭需要的就是海底撈大學的畢業生了。我想這可能是海底撈創辦這所大學的初衷。

企業草創初期更多需要的是勇氣、熱情和個人，然而要想建成能抵禦風雨的巨輪還需要制度、流程和團隊。我衷心希望海底撈大學能成為建造海底撈巨輪的船塢！

海底撈的花木蘭

我曾經奇怪為什麼美國狄斯奈樂園把中國那麼古老的花木蘭故事拍成動畫片？後來想通了，一定是男扮女裝的木蘭從軍感動了迪士尼。迪士尼的市場是全世界，這個導演一定相信花木蘭也能感動全世界。

他為什麼相信花木蘭能感動全世界，因為花木蘭幹了不應該由她幹的活兒——參軍打仗。

可是花木蘭帶給中國人的感動遠遠不如帶給這位美國導演的，因為中國人早已習慣女人撐起半邊天。西元六九〇年唐朝就有了武則天女皇，美國到一九二〇年才允許婦女參加選舉。

中國女人的能幹是真正的牆裡開花，牆外香。

海底撈裡有很多現代版花木蘭，這些女人把孩子和老公留在家鄉，一個人出來打工賺錢。

西安二分店的翁紹瓊是一個年輕的母親，她說：

「二〇〇三年八月，我和同鄉的劉姐一同踏上去西安的列車，車窗外是為我送行的丈夫和女兒。車慢慢啟動了，在那一瞬間，我的眼淚嘩嘩地流了出來，怎麼也禁不住，嘴裡一句話也說不出，大腦就像幾歲的孩子，茫然不知所措。只聽見窗外女兒大聲哭喊著：我要媽媽⋯⋯

「車開始加速，女兒在爸爸懷裡拼命掙扎，似乎想要掙脫爸爸的大手，再讓我抱抱。這時丈夫也神情黯然，低下頭抱著女兒哭了。

「車越來越快了，我的心越來越難以平靜。生活迫使我不得不背井離鄉，離開我最親最愛的人。西安，我離你越來越近了，海底撈究竟是怎樣一個地方？會有怎樣的一群人？我的命運會怎樣？我心裡一片茫然。

「可是我堅信，既然我選擇了這條路，我就會踏踏實實走好每一步。因為總有一天，我會自豪地告訴女兒和丈夫，我沒有讓你們失望。今天的分別是無奈的，我將以百倍的信心迎接挑戰，我期盼我們的明天會更好！」

翁紹瓊是不是花木蘭？

北京四店的何瓊豔是一個把孩子扔在家，和老公一起出來打工的母親。她說：

「我左盼右盼終於盼到休年假了，我們家離北京很遠，來回坐火車要六天。休假的頭天晚上，我像吃了興奮劑，翻來覆去地睡不著覺。心裡想，假如時間能加速該有多好。我總在想去年來北京時，小女兒還小，連爸爸媽媽都叫不清，不知現在變成什麼樣了。還想像我進屋後，見到年邁的父母，喊爸媽的那一瞬間。這種感覺在我腦海裡不知重複了多少遍。

「在路上折騰了四十多個小時，還沒等到家我就給家裡打了電話。第一眼看到父母時，感到他們的額頭上又多了好多皺紋，兩鬢還白了許多。這時我十歲的女兒高興地跑過來幫我拿東西，可是三歲的女兒，只是默默站在那裡看著。當她聽到姐姐喊媽媽時，她說：誰是媽媽？媽媽在哪兒？原來她印象中的媽媽只在電話裡。

「我強忍著眼淚，不讓它掉出來，怕父母和女兒看見。我想我們當時離開她太殘忍了，我們是趁她睡著的時候走的。在她最需要關心和照顧的時候，我們離開了她。想想她走路摔倒的時候，沒有父母扶她，別的孩子能在父母懷裡撒嬌的時候，她父母卻遠在他鄉。

「一天後，小女兒開始管我們叫爸媽了。她好像找到一年前的感覺，待在我身邊一步不離。似乎覺得，她一離開，我們又會消失。晚上睡覺的時候，她的頭依偎在我懷裡。那一刻，我突然感到自己是天下最幸福的媽媽，感覺天地萬物都不存在了，感覺家真是好溫馨，家是一切，家才是落葉歸根的地方。

「短暫的假期一下子就過去了。我好想幫父母把家裡的活兒都幹完。可是時間不允許，即使有一千個一萬個捨不得，為了生活，我也不得不離開兩個需要父母照顧的孩子和同樣需要照顧的父母。當回北京的火車開動的一瞬間，我突然有一種衝動，想一下子跳下去回家！可是一想生活的艱辛，還是流著眼淚又一次離開了家。而從這一刻，心裡就開始期盼下一次回家的假期。」

何瓊豔是不是花木蘭？

西安三店一位不願意透露姓名的花木蘭說：

「我父親病了，我趁著火鍋店的淡季請假回家看父親。一路上就想，爸爸怎樣了？媽媽一定累壞了，她一人又要種地又要照顧豬，還有照看爸爸。

「下了汽車，我一口氣跑到縣醫院。路上給爸爸買了一些水果。當我站到三〇三病房門口時，聽到一陣陣咳嗽聲。我輕輕推門進去，看著父親斜躺在床上。瘦弱的父親正在吃飯，他一手拿著半塊乾饅頭，一手端著一杯白開水。一口饅頭一口水，邊吃邊咳嗽。看我進來，父親下意識地把乾饅頭塞到褥子下。

「我的眼淚一下子掉下來，抓住父親的手說：『對不起，爸爸，我沒能照顧您。』可能父親看見我有些激動，咳嗽得更厲害，邊咳還邊說：『我沒大事。』這時我姑進來說：『你回來了，你爸媽可受苦了，他們還不讓我告訴你，怕耽誤你工作。看看就行了，你爸爸有我和你媽照顧呢。』

「爸爸說：『不怪孩子，這次又花了四千多，都是你姑和你媽東湊西湊借來的，可難為她們了。我的病沒事，吃點兒藥就好了。你快回去吧。』

「我連忙說：『爸爸，海底撈又給我長工資了，我一定好好幹活兒，你安心養病，這是我攢下的三千元。我不能在您身邊照顧你，對不住了。』

「爸爸說：『沒事，你好好幹。幹好了，我們就放心了。』

「我深深在心裡給爸爸鞠了一躬，暗下決心：我一定在海底撈好好幹，掙錢給您治病！」

壯哉！中國女人！

海底撈女人們的故事讓我眼睛濕了好多次，乾了之後就瞎想，如果世界有女子奧林匹克運動會，中國的金牌總數絕對是世界第一。

海底撈的宿舍長

做餐館標準化固然重要，但是好的服務是沒法標準化的。比如，笑容就沒法標準化，露幾顆牙的笑算標準呢？

因此，張勇認為海底撈服務的標準化應該是，客人在海底撈碰到的每一個服務員都在盡心盡力地服務，都在高高興興地工作。比如，有的服務員不善言語，但他可以一溜小跑為客人服務；有的人喜歡講話，可以陪客人海闊天空地聊天；客人不知道怎麼涮火鍋，任何一個服務員都會幫他涮，這就是海底撈的標準化。

如何能讓員工盡心盡力地服務，高高興興地工作？既然員工也是顧客，這群特殊的顧客就需要特殊的對待。海底撈員工都是剛離開家鄉的年輕人，他們在陌生的城市中，不太會照顧自己的生活。

為了滿足這群特殊顧客的需求，海底撈有一個特殊的職位——宿舍長。她們大都由四十歲以上的女工來擔任。她們的唯一職責就是照顧好這些剛離家的年輕員工。海底撈的員工一般都叫她們阿姨。

西安三店的董小毅是這樣描述她們的阿姨的：

《好媽媽——仇阿姨》

仇阿姨你在幾樓？仇阿姨我們回來了。每當下班，宿舍裡就會聽到很多人在喊仇阿姨。這讓我想起小時我放學後進家的第一句話，媽你在哪兒？我回來了。海底撈是個大家庭，仇阿姨像媽媽一樣，關心我們的衣食住行、喜怒哀樂。

仇阿姨不僅是我們的寢室長，還是我們店的工會組長，她把我們的寢室打掃得乾乾淨淨，把我們的床鋪疊得整整齊齊，天冷了，她把熱水袋灌好，一個個塞進我們的被窩。她每天都起早貪黑地工作。有一次我和幾個同事去一店吃飯，回來都凌晨一點多了。當我們回到宿舍時，看到仇阿姨正在門口眼巴巴地等我們，看著她那疲憊的身影，我們心裡很不是滋味。

吃飯時，她總是提前把我們的飯菜準備好，一個個給我們盛飯，而她自己卻最後一個吃。晚上忙時，她有時也去幫忙當服務員，對客人比對自己家人都親切。當客人叫服務員時，她總是第一個衝到前面。

我們有苦惱時，總會找她傾訴；我們有困難時，也是第一個找她。好長時間了，我總想對她說：仇媽媽，您辛苦了，您是我們最好的媽媽。

二〇〇九年一月，上海傳出一個消息讓很多海底撈員工心情凝重。上海一店的宿舍長，在海底撈工作快十年的倪水仙阿姨被查出晚期肺癌。上海一店的員工是這樣描述倪阿姨的：

倪阿姨和另一位阿姨負責我們店的三套宿舍。倪阿姨的工作非常繁重，她從沒怨言。不論我們回來多晚，她每天總是當夜把我們換下的工作服洗乾淨，第二天再給我們疊得整整齊齊。每當深夜員工下班時，她總是給大家煮好熱騰騰的麵條；員工生病的時候，她總是親自送飯。宿舍裡喝的純淨水，她總是騎三輪車，幾大桶幾大桶地從店裡親自拉回。

她用一個淳樸農村母親的心，關懷著我們上海一店的員工。不管新員工還是老員工，大家都管她叫「倪娘」。因為她把員工當做自己的孩子來疼愛。

員工小陳永遠忘不了一幕，那是個炎熱的大夏天，倪娘騎著單車，車後掛著兩個水桶，胸前還抱著一個。看到小陳一個人在路上走，怕她找不到宿舍，停下來非要帶她一起走。

像小陳一樣，很多在上海一店做過的員工轉到其他店後，一回來總會去看倪娘。大家敬她愛她，不僅因為她照顧員工的生活，還因為她會開導員工，教他們做人的道理。

倪娘很苦，家裡窮，唯一的女兒不在身邊，丈夫跟她離異二十年。之前，倪娘身體並沒有什麼異常，只是近兩個月開始咳嗽，大家幾經勸說，她才同意去大醫院檢查。拍完片，醫院下了重症通知書。

倪娘看周圍人的眼睛都紅紅的，知道自己得的是重病。她以前捨不得海底撈這個家，不願意回自己四川的老家，這次終於同意回簡陽了。她唯一的遺憾是：「到明年四月，我就能拿到在海底撈服務十年的金元寶獎了。」

確診的第二天，在工會主席和女兒的陪同下，倪娘告別了上海海底撈的員工們，坐上了回四川的火車（醫生不允許做飛機）。火車到成都時，公司聯繫好的救護車早已在月臺等候。與此同時，公司代表把一枚獎勵工作十五年以上的金元寶送到倪娘手上。

十一月三日，倪娘告別了人世。海底撈負擔了倪娘的安葬費用。很多海底撈的員工聽到這個消息都哭了，但同時也為倪娘感到欣慰，因為倪娘有了另一個家。她把愛給了別人，讓海底撈的員工們在他鄉找到了這個家。

海底撈像倪娘這樣的宿舍長們，用行動讓這群背井離鄉的人們懂得了，有愛才是家，有家就能堅持！儘管背井離鄉、工作繁重、地位低下，海底撈的員工與他們的同類人比仍是幸運的！

在講授海底撈案例時，每當我提及寢室長這個職位時，很多同學都會談富士康的「十連跳」。他們說，如果富士康有這個職位，可能就不會發生「連跳」了。

其實，一個寢室長的月工資也就一千多元。

第三章

不要丟了西瓜

什麼是職業精神？

海底撈服務員們送給後廚傳菜組的小夥子們一個美稱——飛虎隊隊員。傳菜，顧名思義就是把廚房裡的菜送到客人桌上，說白了就是端盤子的。一般講究的餐館，傳菜和照顧客人吃飯的服務員是兩夥人，照顧客人的服務員叫前廳服務員，他們需要更多的與客人溝通的技巧；傳菜的服務員則需要更多體力，在海底撈，傳菜員幾乎都是小夥子。

火鍋店的傳菜量比一般餐館要大很多，因為即使兩人吃火鍋，也要點五六樣菜。海底撈的生意比一般火鍋店好，所以傳菜的工作量更大。

在海底撈吃飯，有兩個景可以作為娛樂項目觀看，一個是搟麵師傅邊跳舞邊搟麵的表演，另一個就是傳菜員們雙手端菜的競走比賽，客人多時他們甚至不惜「犯規」，一路小跑。

不明白的人可能問，跑什麼呀？不就是送個菜嗎，晚一兩分鐘有什麼了不起？

你如果在海底撈幹過，就會明白他們為什麼跑？

客人在外面排隊等著給海底撈送錢，他們是跑著撿錢呢！讓上桌的客人快點吃完，外面等座的人才能吃呀！

西安五店的服務員蔡雲俠是這樣形容他們的飛虎隊的：

「我們這十多個年輕英俊的小夥子，最顯著的特點就是快如飛，猛如虎。他們個個腳步輕盈，健步如飛。每到就餐高峰期，大廳裡每張桌子都坐滿了客人，走廊上等座的更是熙熙攘攘。我每次去大廳拿東西，總是怕撞到別人。可是這些飛虎隊隊員，兩手各托一個大托盤，上面裝滿了菜，舉過雙肩，與耳相齊，身輕如燕，穩穩當當。

「話說回來，冰凍三尺非一日之寒，這是他們平時苦練的結果。他們有這樣一身功夫，同他們老大蔡新鋒的言傳身教分不開，是他的認真負責和激情帶動了這支飛虎隊。蔡新鋒不僅身輕如燕、快步如飛，還有一個絕招——『鑽』。每當客人多得轉不開身時，只見他一躬身，不到兩秒就『鑽』到前面。

「而他們的『猛如虎』不是說他們凶得像虎，而是形容他們擦桌子的動作，我常常被他們收台（海底撈傳菜員也負責清理客人吃完的桌子，他們稱為收台）的表演所吸引。

「一張桌子三道擦：頭道用桌刷，刷刷兩下，抹布再繞桌子，殘渣剩飯一掃光；二道，噌噌，要不了十秒，水漬油漬全完蛋；三道，刷刷刷，一條潔白的毛巾，從鍋圈向桌邊環繞過來；剛才還是髒了吧唧的桌子煥然一新。一眨眼工夫，毛巾在服務員手中翻了個跟斗，用另一面去履行它最終的使命——讓桌子光亮照人，這次是從桌邊向鍋圈環繞，還是那樣迅雷不及掩耳，一瞬間像變魔術一樣，一張馬上能接待客人的桌子就準備好了。

「很多客人看他們擦的桌子都笑著說，比他們家的飯桌乾淨好多！」

我們在研究海底撈案例時，發現這些飛虎隊隊員的工作量是巨大的，每天他們行走的距離不少於十公里，而且忙時要端著菜小跑，因此，腳氣是他們的職業病。

俗話說久病成醫，我把海底撈員工自己傳播的一個治腳氣的方法摘錄如下。事先聲明：此法未經醫學驗證，有人用此法出了問題，概不負責。

西安二店的王妙華詳細介紹了他的土法：

「在海底撈做傳菜員沒有幾個不得腳氣的。我們每天晚上上床前的首要工序是泡腳，然後是撓腳，最後是擦藥睡覺。第二天又周而復始……

「為什麼會這樣，原因很簡單，我們每天跑動的時間長，腳容易磨損；還有我們每天回來泡腳，亂用腳盆互相感染。剛開始是腫痛變成癢痛，接著起泡泡，再下來就化膿、乾癢、掉皮、腐爛。我們會恐慌，嚴重時也會看醫生。貪財的醫生會這樣說：要打吊針消炎。其實完全沒必要，打吊針既浪費時間也浪費錢。

「我為什麼會知道這些？因為我也有一雙爛腳丫，它們老是讓我哭笑不得，於是我動了真格到處尋醫求藥。有一天被一個無名小輩點化了。他說：傻瓜，你用牙膏試試！

「開始，我還不以為然，我那雙腳丫可是試了太多偏方。不過，後來還是死馬當活馬醫。一試，效果真神奇！

「具體方法如下：先用熱水泡腳，擦乾水，然後抹上牙膏（一定要用白色膏體的普通牙膏，不要用那種透明的）；過三分鐘後，再用清水洗淨。這樣你會感到雙腳清爽，腫消了，癢也止了，連續使用效果更好！如果堅持下來，你會有那種久病初癒、大快人心的喜悅。

「最後，我想告訴大家的是：我在生日那天許的其中一個願，就是祝願海底撈的傳菜員們每人都有一雙好腳丫！因為改變命運靠的不僅是雙手，還有雙腳！」

我的一個大學同學，二十世紀八〇年代去澳大利亞留學。下了飛機兜裡只有一百澳元，為了活下來和完成學業，他在澳大利亞的第一份工就是當餐館服務員。這份工，他一幹就是五年。

二〇〇〇年，大學同學在北京聚會。他說，他在澳大利亞最初幾年的生活費和學費就是那個餐館的客人給的。說著說著，他站起來為全班同學表演，一手端一個盤子疾走傳菜。那一刻，所有同學都停止了說話。

說實話，很少有人願意端盤子。

可是命運無常，如果你攤上了，我的同學和海底撈的傳菜員們就是笑對人生的榜樣！

我的同學是廣東人，他頑強地繼承了廣東人那種不怨天，不尤人，馬死落地行的文化。同大多數同學比，他的錢不算多，地位也不顯貴。但，他贏得了同學們的尊重。

什麼是職業精神？就是把自己不喜歡做的事情，做得比任何人都好！一個有這樣精神的人，即使你看不起他的職業，你也不能看不起他！

那一刻我哭了

海底撈北京七店的萬凱麗，現在在描述他們店開業的情況時依然還很激動，她說：

「記得我們店就要開業前，我們想讓附近的北京市民知道這個新店，於是我們組成了一個宣傳隊。這個宣傳隊又分了幾個小組，每個小組劃定了各自的宣傳地區。我們每天不到七點就出發趕往指定地區，一路上我們給好多人發放我們店的名片。

「但事情並不像我們想像的那樣順利，有的人看也不看就把名片丟了，即使你解釋得再好也沒用。此時，我真有點灰心。但是店經理謝姐鼓勵我們，只要發，就有發出的效果。不過也有客人看到我們身上的海底撈飄帶主動過來跟我們要名片，這說明還是有人關注我們的，這又讓我拾起了信心。

「在開業的前兩天，我們開始組織集體遊行式的宣傳，我們走到街上，幾十個人一起喊，海底撈火鍋即將開業，海氏員工期待您光臨！

「隨著我們的高聲吶喊，路人都轉過頭來注視我們，有的人還給我們鼓掌。後來，我們的聲音越來越大，整個街道都有我們的回音，於是，也惹來了麻煩。城管來了，他們從幾輛執法車上下來，氣勢洶洶地把我們圍住。我們真害怕，不知道他們要怎麼處理我們。

「這時後堂經理指示我們女孩先走，把宣傳資料藏起來。他們男孩留下等待城管處理。過一會兒，他們也過來了，說城管只沒收一些名片，讓我們不要再喊口號了。於是，我們只能換地方。當我們列隊離開的時候，很多路人用掌聲鼓勵我們，還有人說：憑什麼不讓宣傳？那一刻我不知為什麼竟流出了眼淚，我的幾個同事也哭了。」

人對習以為常的事情不會感動，農村來的服務員受城裡顧客不禮貌的對待，受城裡人歧視和欺負是常態，比如城裡人不願意跟他們做鄰居，非法阻擋他們入住高檔社區。因此當城裡人偶爾幫助他們的時候，他們感動了。

西安二店李小綿也遇到過城裡顧客讓她感動的事，她說：

「那幾天一直有一種感激之情在我心中迴盪。說實話我做的是連同事和親戚都看不起的工作，可是一個客人竟對我表示了尊重，這讓我感到無比驕傲。我是一個清潔工，一次我正在拖地，客人多忙不過來了，吧台讓我給三號台拿四瓶啤酒。

「我拿過去後對客人說，您好，需要打開嗎？

「客人看了一下說，好。

「可是當我給客人倒酒時，客人說，我要的是雪花乾啤，你怎麼給我拿的九度？我對著單子一看，酒是拿錯了。我馬上跟客人說，對不起，我馬上給你們換。

「客人看我態度好，就說，這酒拿下去，是不是要你自己買單？

「我說，這是我的錯，我應該買。

吧。

「客人說，那我們就喝這個啦。

「客人越客氣，我心裡越不舒服。我是後堂保潔員，對前堂不太懂。我跑到水果房，給客人拿了個大果盤，還包了一包酥黃豆。我跟他們說，啤酒搞錯了，對不起。送給你們吃這個吧。

「他們走的時候很高興，說海底撈的服務就是好。

「第二天中午，我拿著拖把正經過大廳十號桌，一個年輕的客人跟我揮了揮手說，姐，我又來了。他看我愣了一下又說，你不認識我了，你昨天給我拿錯啤酒那個？

「我一下子記起來了，忙說，昨天的事對不起。

「他說，大姐你別放在心上。

「他旁邊的人說，他昨天晚上吃你送的豆豆，吃得一夜都想來海底撈。這不，今天朋友過生日，又被他拉來了。

「我連聲說謝謝。

「他的朋友說，他是搞房地產的，以後買房子就找他。

「我說：你看姐這樣子，能買得起房子嗎？他說，怎麼不能？海底撈生意這麼好，你好好幹，一定能買得起？

「那天晚上，我在宿舍睡不著了。」

顯然，李小綿的運氣好，第一次服務就碰上這麼好的客人。海底撈的服務員每天對客人哥呀、姐呀、阿姨、大叔的可能要叫上幾百遍。然而，只遇到客人一次這樣稱呼他們，他們就睡不著覺了。

她為什麼睡不著？

是因為受到了客人的平等對待。

海底撈很多員工都有拒收客人小費的經歷，海底撈的內刊也刊登過這樣的事蹟。顯然海底撈把為客人做好事、不收額外報酬看成是一種好的行為。

我帶一個曾在澳大利亞做過餐館的朋友來海底撈吃飯，他對海底撈的服務讚不絕口。餐後他要給小費，海底撈服務員不收，他很不解。他跟我講，儘管澳大利亞沒有給小費的習慣，但服務員也是期望小費的，特別是高檔餐廳。如果客人給得過少，他們會很生氣。有的服務員在客人轉身離去時，把幾毛錢的小費連同剩飯剩菜一起倒掉。

於是我瞎想，服務員的確沒有尊嚴，但海底撈的服務這麼好，如果允許服務員收小費，是不是對他們心裡多少有些補償？他們是不是就不至於感動得睡不著覺　人都是有尊嚴的，被逼無奈付出尊嚴，多一點回報才合理。

可是轉念一想也有問題，中國沒有付小費的習慣，如果一旦鼓勵收小費，海底撈的服務是不是就變味了？

最討厭的客人是同行！

在海底撈做服務員同別的餐館還有一點不同，那就是必須學會如何服務同行，因為來海底撈吃飯的同行太多了。

俗話說「同行是冤家」。要問海底撈的服務員，什麼樣的客人最討厭，他們一定會說「同行」。

「一月八日，凌晨兩點來了一桌客人，他們一坐下就讓人感到來者不善。他們對什麼都發問，吃雪花牛肉時問我，一份是多少兩？我說是四兩。一個女客人說，你確定是四兩嗎？我說是。然後，她親自去後廚稱，一稱還四兩多一點，於是什麼也沒說就回來了。

「到了包間後，她感覺很沒面子，就說，你們什麼都收費，豆漿和檸檬水也要錢，還這麼貴！然後，又問，羊肉一份幾兩？我說是四兩。她說，四兩就賣二十八元？你們這簡直是敲詐！我要去物價局告你們。她還說她就是工商局的，邊說邊用勺子敲盤子，越說越可怕。

「接著他們把每一份菜都過了秤。有一盤稍稍差了一點，我剛說對不起，還沒等我說馬上給你們加一些。他們中的一個人就把一杯水潑到我臉上。」

這不是培訓服務員的案例，而是真實發生在海底撈上海二店的事情，那個被人潑水的服務員叫陶霞。

間。

如果你是陶霞，該怎麼辦？

此時，值班經理過來了，要把陶霞換下。可是她把臉擦乾後，含著眼淚又微笑著進了包間。

此時，那一桌客人都安靜下來了。

人呀，太壞的總歸是極少數。上帝造人的時候，畢竟給人安了顆心，心知道廉恥。過了一個會兒，這些同行說了實話，他們也是火鍋店的，聽說海底撈服務好，這次就是想來試一試。

北京四店的張瑜說起為同行服務也很有感受，她說：

「有一段時間，我們對面要開一個火鍋店，他們的人天天來我們這邊吃飯，搞得我們很緊張。擔心他們開業後，會搶我們的客人。同時每天也有其他同行來吃飯，很多同事都很害怕這些同行，因為他們非常挑剔。

「這些同行一般都是晚上十點鐘左右才來，而且十幾個人一起來。有一天晚上要下班了，又來了十幾個很凶的。我留下來加班，不管他們怎麼挑剔和無禮，我都一直對他們好好的。後來，他們的頭兒悄悄跟我說，他們是來學習的，因此分外挑剔，還要故意刁難我，叫我別介意。我聽了之後很感動，也就不太害怕了。

「後來這些同行來得多了，我慢慢有了一些為同行服務的心得，希望在此同各位同事分享：

「為同行服務時，我們首先要調整自己的心態，千萬不要有——他們也是服務員，憑什麼我要伺候他們的心理。我們要明白，只要是顧客，不管貧賤，哪怕是乞丐，都是我們的老闆。我們不能嫌貧愛富。

「我們要更熱情和耐心地為他們服務，他們無非是要求多一些，我們多跑跑腿兒就是了。只要我們始終如一地做好細節，笑容多一些，更主動一些，一定能贏得他們的滿意。

「還有，我們不要擔心他們把我們的東西學會，然後擠垮我們。海底撈的本質不是那麼容易學的。他們可以學我們的服務細節，但他們不可能真正學到『想顧客所想，急顧客所急』。他們的笑容不可能比我們真誠，因為他們公司對他們不會像我們公司對我們這樣好。

「當然我們也不能太樂觀，同行都在學習進步，我們落後了，也會挨打。

「最後，我們應該驕傲。為什麼那麼多同行來學習我們，因為我們有值得他們學習的地方。現在很多餐飲企業也讓他們的員工住我們這樣的公寓了，也給客人提供了很多免費的服務。下次，如果我們遇到同行，我們應該高興地跟自己說，我今天要讓你們體會一下什麼是真正好的服務！

「同事們，加油！」

可惜，像上面這兩個為同行服務的案例這樣的結局畢竟是少數，更多時候，這些挑剔的同行往往在海底撈鬧得不歡而散，有的甚至同海底撈的服務員打起來。

一天，我跟海底撈北京大區的總經理袁華強約好見面，可是見面時間到了，袁華強突然來電說：「黃老師對不起，我今天過不去了。我們望京店來了幾個同行，吃飯時跟我們服務員打起來了。結果，我們人多把人家打傷了，現在都被公安局抓去了，我要馬上趕過去。」

第二天我見到袁華強，問：「餐館生意經常要面對和同行打架的事情嗎？」

他說：「不是經常，但有些同行客人的確很難伺候。」

按理說，都是做服務員的，都不容易，應該互相體貼才對，為什麼反而關係不如普通客人？

我問一個跟同行打過仗的服務員：「這些同行客人為什麼討厭？」

他說：「他們竟裝孫子。其實他們一坐下，我就知道他們是服務員，因為幹我們這行的人，除非是老闆，否則，不論你怎麼打扮，怎麼裝，也能讓同行看出來。你看，幹服務員時間長了，坐的時候都不像一般客人身體往後靠，而是往前傾。如果他們老老實實說是來學習的，我們哪能跟人家打仗，肯定還要給他們優惠。可是他們偏不，反而裝成公務員，對我們呼來喊去，一口一個服務員地叫。你不也是服務員嗎？

「他們一這樣，我就煩；再加上他們知道我們海底撈有授權可以打折，就故意挑毛病，逼著我們打折。如果我們不打，就鬧矛盾。特別是有些同行看我們生意好，故意來搗亂，那就只有戰鬥了。」

小夥子的話讓我明白了，原來服務員自己也看不起自己。如果這些挑剔的同行真是公務員，海底撈的服務員也就忍了；如果海底撈的服務員真按對待公務員的態度對待這些同行，衝突是不是可能就不至於升級了？

看來全世界都一樣，暴力事件更多地產生於自卑的群體。

佔小便宜的顧客

上海四店的服務員郭春莉說，有一天，她遇到一件很不開心的事。

當時她照看一個雅間，裡面有八九個上海本地客人。這些客人吃了很久，消費也不高，中間卻讓調料師傅加了三次調料。後來他們偷偷把調料打包了。小莉發現後，他們說，你們的調料很好吃，我們要拿一些回家。

到火鍋店吃火鍋竟然打包調料，小莉當時就不太高興，但也不好說什麼。可是買單的時候，他們竟然還要小莉打折。

小莉有些不情願，他們就說我們上次來都打了折，這次為什麼不打？如果不打我們就到網上投訴你們。最後，因為他們的確是老顧客，小莉只得給他們打了折。

上海四店的吳君快對一些上海顧客印象也不好，她說：「他們太愛佔便宜了。一次我在雅間服務時，看到一位顧客把幾條毛巾塞進包裡。我提醒他，毛巾是要回收的，他也很理解，當場拿出來。」

買完單時，他們一起來的客人都走了，只剩下買單的。小吳又發現雅間裡的圍裙少了五條。於是就跟買單的顧客說：「您的朋友拿走了五條圍裙，這是不能拿走的；少的話，我是要賠錢的。」那個客人雖然一個勁兒道歉，但表示不知道是不是自己朋友拿走的。沒有辦法，小吳只有讓他走了。

另一件事也是發生在上海四店，是小王碰到的。買單時，一撥顧客要把調料臺上的水果全部打包帶走。小王說：「這群顧客已不是第一次這樣做，很多服務員都認識他們，每次他們來，認識他們的服務員都很煩惱。一方面我們不能得罪顧客，另一方面也很看不慣他們的做法。」

所以小王只好盡量勸說他們。可是他們反而把小王趕出雅間，並理直氣壯地說：「海底撈這麼大，連這點東西都捨不得讓人帶走嗎？」最後，我只能眼睜睜地看著他們把水果帶走。

面對這樣的顧客怎麼辦？小郭、小吳和小王想了好多方法，但總覺得不很妥當，比如：

1. 當發現顧客把非贈品帶走時，不要當面指出，這樣會傷客人的面子。可是如果他們真以為是可以帶走的，再告訴別人，我們店會損失很大。

2. 我們應該事先把這些非贈品不能帶走的信息告訴客人。可是如果客人根本沒有想拿，受到這樣的提醒，肯定會不好受。

3. 對打包水果的客人，是不是看到他們來了，就事先讓水果房準備一些水果贈送給他們，這樣就免得他們把水果一下子打包了，別的客人要吃，還要等。可是這樣做也不妥，水果雖然沒有幾個錢，但對不拿水果的客人不公平。

4. 要不搞個內部黑名單，把這種客人記錄在案，他們一來就讓經過專門訓練的員工對付他們？

……

對這樣的顧客怎麼辦？

看來「顧客是上帝」這句話有問題，因為有些顧客不是上帝。上帝絕不會把如此用心地「一桌一桌抓顧客」的海底撈服務員為難成這樣？

海底撈就不應該伺候這樣的顧客！

可是餐廳的門打開了，能把顧客趕出去嗎？

海底撈難道沒有制度規定，哪些東西能送，哪些東西不能送？

當然有。可是海底撈管理的精髓恰恰是，為了讓客人滿意，員工可以超越流程和制度，對不同的客人實行差異化服務。

如果一定要杜絕這些極少數不顧廉恥的行為，讓員工失去對絕大多數顧客提供差別服務的靈活權力，海底撈就不是海底撈了。

天下沒有白吃的午餐，任何制度都有成本，被這樣過分的顧客佔便宜，給海底撈為所有顧客提供更好的服務增加了成本。大多數上海顧客一定不是這樣的市儈小人。

一位住在上海普陀區曹陽六村的張女士寫道：

我是上海普陀區的一位市民，也是你們普陀區海底撈的常客。我們每次去銅川路的海底撈，來去計程車費要三十多元。但是我八十多歲高齡的母親特別喜歡吃海底撈，她說，海底撈火鍋店的服務，從門口的熱情招待，到裡面廁所的服務，都是上海一流的。更不要說服務小姐了，她們每次都讓我們感受到一級服務的享受和家庭般的溫暖。

昨天十一月二十七日，我和母親又叫了一輛車去你們銅川路店。我母親又一次被你們店的薛永珍經理、高麗紅小姐以及雷純恩先生的熱忱服務深深打動。他們不僅扶我母親找座位，還扶我母親上廁所。噓寒問暖，問我母親吃什麼，要什麼。只要我母親一張口，他們就動作很快地滿足我母親的要求。吃完飯，他們還送給我母親一點禮物——南瓜和豆腐。我母親高興地回來後，就給我妹妹和哥哥打電話。而我哥哥和妹妹一定要我給你們寫一封感謝信。

老闆你真不容易，你知道你們員工對你的評價嗎？

他們都說，老闆對他們非常好，如果他們無心做錯了事，你從來不會批評，而是跟他們好好說。哪個員工有困難，你也都會說明。

老闆你真了不起！員工能在你背後說你好話，那一定是你的善良把員工打動了。你能培養出那麼多尊敬你、愛護你的員工，一定是跟你平時的教育分不開。今天我提筆特意向你表揚薛永珍、高麗紅小姐和雷純恩三名員工，以表達我母親的心願，鼓勵他們繼續這樣工作下去。

正常人都有一顆感恩的心，低素質的上海人畢竟是少數。

你是這樣的顧客嗎？

海底撈的很多做法都被競爭者們紛紛模仿，可是海底撈的普通員工可以給顧客打折、送菜和免單的權力，卻一直讓競爭者們不可思議，不敢模仿。競爭者的擔心是有道理的，給基層員工這樣大的授權，不僅會有濫用的可能，還會慫恿一些顧客的過分要求。

任何權力都是一把雙刃劍，海底撈員工的打折免單權，有時也會讓員工無所適從。

北京七店的曾令敏說：

「我來海底撈兩個月了，服務了N桌客人，有的滿意，有的不滿意。不滿意的我知道原因，但我不知道是不是我錯了。雖然我們的宗旨是，不要求每一桌賺錢，但要求每一桌滿意；

儘管我有讓顧客滿意的授權，但我不喜歡這樣做。

「昨天來了三個客人，剛一坐下，一位姐就說：唉，服務員，把你們那個花生米送我們一份。

「我說：姐，不好意思，那個花生米不是送的。

「她說：誰說的呀，我們每次來，×××就送我們一份，你怎麼就不送？那你們有什麼免費的？都給我拿上來。

「我說：姐，我們這裡等座的小吃是免費的，您要是要，我可以給您拿一些。

「吃到中途，她又說：服務員，拿餐巾紙來。

「我說：好的，姐，馬上來。

「她又說：這個是免費的吧，要錢就拿走！

「我說：姐，這個是免費的。

「買單了，她們兩個搶著買。我對另一位說：姐，下次你再買吧。

「沒想到她說：還下次，叫你送東西都不送，誰還來呀？

「我真的無言以對，難道我真做錯了嗎？

「還有一次，來了一桌客人，剛坐下就有人說：你們這是不是經常換服務員呀？

「沒有呀，姐。我說。

「那你把××給我叫來，我要他服務。」客人說。

「我說：為什麼呀？姐。

「她說：我每次來他都送我潮州牛肉丸。

「我說：不好意思，姐，我們這裡沒有送菜活動。

「誰說的？我每次來他都送我。她說。

「我回答：這樣吧，姐，我是剛來的，我不太清楚，我給你問一問。

「她說：唉！你不用問了，你叫他來服務就行了，你不是當官的，你不敢；他是領班，他敢送。

「我沒說什麼，笑了一下。領班過來了，送給他們兩份麵條。

「她說：就是嘛，這小女孩真不懂事。

「我又哪兒錯了？

「我現在真搞不懂什麼是授權？什麼是滿意？是客人叫我們拿什麼，我們就拿什麼；有什麼要求，就滿足什麼要求，才是客人滿意？她當時叫我送花生米，我馬上送她一份，她當然滿意了；她要我送牛肉丸，我也送，他們不就也滿意了嗎？

「也許有的同事會讓這兩桌顧客滿意。送唄，反正有授權。但我想一定也有人像我這樣，不送。像我這樣，就得不到客人的滿意。如果客人的滿意率就是這樣得來的，我做不到。我不喜歡這樣做，也許我真錯了。」

北京三店的王斌說：

「他們說的還算小事，我碰到過一次投訴。那是早上凌晨一點多，我們在結帳時多收了人家一杯扎啤錢，可是竟搞到無法處理了。我跟他們說：大哥對不起，的確多算了一個扎啤，我馬上把錢退給你。

「客人聽都不聽，說：這不是退不退的問題，我現在很不滿意，我知道你們有打折免單的權力，我不想讓你們免單，但你要給我打五折。必須！

「然後，我說什麼都沒用。等了一會兒，客人不耐煩了，說：不要再猶豫了，能不能處理，不能就把你們經理叫來，馬上免單，你信不！

「我沒說什麼，領班最後給他們打了五折。可是那天晚上，我陷入了無限的惆悵。」

上海二店的楊磊遇到的事情也讓她難受，她說：

「一天晚上九點多，大廳五十號來了四個二十多歲的年輕人。菜剛上桌還沒怎麼吃，他們就叫服務員過來，說他們點的海鮮組合中，有一隻生蠔少了一塊肉。我估計很有可能是敲生蠔時，不小心敲掉了。我跟他們解釋，並提出：要麼給他們加一個生蠔，要麼把這個菜退了。可是他們說什麼也不同意，不退，不換，不要贈送，非要片區經理的電話。最後我們把沈哥的電話給他們了，沈哥給他們免了單。

「看著這桌客人，在這麼短的時間內從一個個錙銖必較的小人變成談笑風生的君子，我覺得很鬱悶。難道就因為這麼一個小小的失誤，我們就必須免單？這桌客人讓我完全喪失了當晚服務的心情，我待在後堂好長時間才恢復。我希望各位資深、有經驗的老員工能給我一些好的建議！」

送菜的錢又不是從員工口袋出，這三個員工為什麼這樣不舒服？

是因為他們的權力被人剝奪了。權力不是義務，義務是沒有選擇的，你必須做，比如公民守法；權力是有選擇的，可做，可不做。海底撈員工的送菜和免單權，是員工根據自己的判斷，可以行使，可以不行使的。

然而，這些客人逼著他們行使了權力——你只能給我打折。人的權力被奪走了，自然就沒尊嚴。人被逼著做不喜歡的事和討好不喜歡的人，心裡當然不好受。

我問張勇：「面對這樣的顧客，你會怎樣處理？」

張勇說：「一是滿足他們，和氣生財嘛。這樣過分的顧客畢竟是少數，哪個餐館也不會被這些過分的顧客給吃垮。二是拒絕他們，連這些新員工都知道他們的要求不合理，那顯然是過分了。這需要服務員根據當時的情況，自己作出判斷。」

噢，看來做一個好服務員真是不容易。如果你遇到這樣的顧客，你能心平氣和地為這樣的顧客服務嗎？

「我最討厭別人叫我服務員！」

我相信上文那三個被客人逼著行使授權的服務員，一定是「八〇後」的，因為他們在描述故事的時候，很恰當地使用「N次、鬱悶」這些現代詞彙和頻繁地使用挑戰性的反問句，比如，「我又哪兒錯了？」這表明「八〇後」的人，即使是從農村來的，也比他們的父兄輩更在乎自己的尊嚴。

為了研究海底撈，我派了一個「八〇後」的助教，潛入海底撈當服務員。兩個星期後，瘦了一圈的她見到我第一句話就是：「黃老師，我現在最討厭別人叫我服務員！」

我不解地問：「不叫服務員，叫什麼？」

她說：「小妹呀，老弟、小夥子……叫什麼都行，就是別叫服務員！」

在這三個員工被逼打折的故事中，我估計這些客人一開始就引起了他們的反感。比如，這三個服務員在講述故事的時候，不約而同地把客人稱他們為服務員這個情節，很突出、很詳細地描寫出來。儘管他們一口一個「姐」和「哥」地稱呼著客人，這些客人還是一口一個「服務員」地呼來喚去。於是，我相信他們一定不喜歡這些客人了。儘管職業的要求讓他們必須笑臉迎客，但人這種東西，情緒是掩蓋不住的。客人也一定會接受到他們微妙的負面反應，於是，衝突就越來越升級了。

其實不僅是中國，全世界的服務員都不喜歡被人稱為服務員！為什麼？心理學揭示，人越在意什麼，對什麼就越敏感；越是自卑的人，自尊心就越強。服務員無疑是比較底層的職業，自然不希望被人不斷提醒。

一個海底撈的小夥子跟我說，一次放假，他在海底撈店裡吃火鍋。吃得高興，得意忘形起來，也像其他顧客一樣對服務員直呼服務員，結果遭到一群服務員們的狠狠白眼。

怎麼稱呼服務員？稱同志，似乎老土且不合時宜；稱小姐，容易誤解；稱兄道弟，不僅不準確，也不方便，因為要估計服務員的年齡。

在英國，顧客往往說：「打擾一下，我要一杯咖啡。」

香港人一般說：「多謝，請給我一壺茶。」

英國對香港一百年的殖民統治，給中國民族留下的不僅是屈辱，也有一些文明，儘管這些文明可能是虛偽的（香港人也不會對服務員高看一眼）。可是文明總歸是文明，即使是虛偽的，畢竟讓心裡自卑的服務員不那麼反感。

張勇的太太，現在是出門有司機，孩子有保姆，做飯有廚師的十足富太太。一點也看不出來，她在海底撈創業時期，也曾在火鍋店裡打拼過。

她說：「黃老師，如果有下輩子，我再也不做餐飲了。苦累不說，還要受氣。我們這個小地方，很多單位吃飯都掛賬。有一次，一個幹部模樣的人喝了點兒酒，結帳時要掛賬。我問他是哪個單位的。

「他說：你看我像是幹什麼的？

「我說：大哥，我看不出來您是幹什麼的。

「他說：老子是賣白菜的！然後一拍桌子就要走人。

「我不讓他走。結果，他站在那裡罵我。張勇過來了，我跟他說，這個人掛賬不說單位，還罵人。結果，張勇不但不幫我，還讓他走了！我當時難受死了。」

說到此，張勇的太太哽咽了。看得出，她是個典型的敢愛敢恨的川妹子。

張勇的太太又說：「還有一次，一個人掛了二百多元的賬，半年多都沒還，我去他單位幾次都沒找到他。一個星期天，我在公園裡遇到那個人，我過去跟他說，大哥，能不能給我們結一下賬？結果，他惱羞成怒，指著我的鼻子說，就二百元錢，還值得你大禮拜天向我要賬，你也太不識趣了?!我忍不住要跟他爭辯，張勇又是把我說了一頓，還向他道了歉！這些事我一想起，到現在都委屈！」她的眼淚又流出來了。

我跟張勇說：「創業初期，你太太跟你吃了很多苦。」

張勇不屑一顧地說：「那叫什麼苦呀?!像我們這樣沒上過大學、沒有專業、沒有背景的人，再不想伺候人，還能幹什麼？她就是太太的命。在店裡做了一段時間，我就讓她回家了。她用那種態度對待別人，哪個客人還能回頭？不僅不會再來，人家的朋友也不會來。其實，我們在簡陽做了這麼多年，一共才有不到兩萬元的壞賬，你為了這兩萬元錢，把客人都當成跑單的，這不是丟了西瓜撿芝麻嗎？」

海底撈員工在客人們面前表現出超過常人的謙卑、忍讓和殷勤，我從張勇太太的故事中得出了答案。原來這不僅是張勇的要求，也是他自己身體力行所信奉的價值主張。

中國不是法國，做餐飲的可以和客人平起平坐。在中國，做服務員就要忍受別人叫你服務員！

我問張勇的太太：「如果你知道，下輩子還能有今天的幸福生活，但還要通過當服務員來實現，你還當不當？」

她想了一下，笑著說：「我還當。」

第四章

海底撈的危機

張勇的擔憂

海底撈出名後，很多投資銀行的人找張勇要參股，要幫海底撈搞上市。按常理說，一項生意不缺錢，沒有必要讓別人參股和上市。因為參股和上市就要把股份分給別人，好處是拿到別人的錢，壞處是把公司的股權讓一部分給別人。

可是張勇也開始籌畫上市了。

有一次我同張勇討論上市問題，我問他：「海底撈既然不缺錢，為什麼還要上市？」

張勇說：「上市可以促進公司正規化。」

我說：「這一定是想幫你上市的財務顧問說的吧？其實，一個公司真要正規化，不一定非要上市。我知道餐飲生意現金收入多，因此餐飲行業瞞稅很普遍。可是如果你不想瞞稅，不需要用上市來逼自己呀。這等於一個人為了不犯罪，非要住進監獄裡一樣。

「我估計一定還有財務顧問跟你說，上市可以提高公司知名度。可是你的海底撈還用上市提高知名度嗎？你在谷歌和百度上的搜索都超過一百多萬，這比九十%的中國上市公司都有名！」

張勇說：「我總有一種無形的恐懼，我們海底撈是一個平民的公司，沒有任何根基，沒有任何背景，做到了現在這麼大，而且會越做越大。生意越大，麻煩越多；如果我們是上市公司，碰到惹不起的人和麻煩，可能就多一層保護，至少上市公司的地位和社會股東也能幫助我們。」

真是不當家，不知柴米貴！企業家的恐懼一般人體會不到。

張勇的擔憂還不只這些。

從偏僻的四川簡陽一路殺到北京和上海，張勇發現海底撈很有競爭力。於是，他的戰略目標就變成了：「我要把海底撈開到全國的每一個角落，做中國火鍋第一品牌」。

按照一般連鎖經營的商業邏輯，目前勢頭這麼好的海底撈要成為中國第一火鍋品牌似乎不難，因為商業模式、管理團隊、中央廚房、原料基地、物流系統和服務流程都已日趨成熟，只要有充足的資金或者通過加盟店的方式，就可以快速地擴張起來。

然後張勇卻認為這事急不得，因為他有一塊心病沒解決。他認為海底撈的所有做法別人都可複製，只有海底撈的人是沒法複製的，而這恰恰是海底撈的核心競爭力。

可是上哪兒找這麼多海底撈的人呀?!千萬不要以為都是農村來的打工者，都住在海底撈有空調、能上網和有人給打掃衛生的宿舍，就能幹一樣的活兒。一個人在海底撈可以幹十二個小時，還笑著說不累；另一個人幹十二個小時，就要愁眉苦臉逃跑了。一個人真相信在海底撈靠誠實肯幹，用雙手就能改變命運；另一個人則總是希望鑽空子，走捷徑。

師徒制的弊端

海底撈人的培養建立在師徒制的傳幫帶基礎上，比如，張勇是楊小麗的師傅，楊小麗是袁華強的師傅，袁華強是林憶的師傅。這四個人中除了張勇無師自通之外，其他三個人的脫穎而出，都得益於師傅的發現和培養。

這四個人都沒有受過正規的大學教育，而且都出身卑微，不怕吃苦，極其頑強、進取和自信；不僅如此，都有很強的學習能力和領悟能力，他們是典型的能力不等於學歷的例子。他們是同類，同類自然容易理解和欣賞；因此，他們一個帶一個，相繼成為海底撈的管理骨幹。

然而，當海底撈變得越來越大，發展越來越快，目標越來越高時，一定需要越來越多的管理人才，海底撈還能繼續靠這種師徒制的傳幫帶嗎？

毫無疑問，師徒制傳幫帶的優點是能夠傳神，並且簡單。但也有天然的弊端，那就是師徒傳遞容易走形。張勇的徒弟肯定不只楊小麗一個，但像楊小麗這樣出神入化的徒弟可能只有楊小麗一個；同樣，楊小麗帶的徒弟也不止袁華強一個，但像袁華強這樣青出於藍勝於藍的徒弟也是唯一的。世界上沒有兩個一樣的人，每個徒弟學到師傅的九〇％，到了第五代九〇％×九〇％×九〇％×九〇％×九〇，就變成五十九％。

二〇〇九年，一位叫西祠胡同的北京網友寫了一篇《海底撈歸來》的文章，她是這樣描述她的海底撈之行的：

外地回來有點餓，想起最近網上大熱的海底撈火鍋，就跟朋友去了。首先肯定，服務的確非常熱情周到。從車上下來就有人過來迎，然後環環相扣把我「傳遞」到飯桌上。招呼你的「小弟」眉清目秀而且熱情，來回碰到的服務員也都非常熱情——這都成為我最後無法發作的理由了，因為我是那種「巴掌」不打笑臉的人。

菜的品種不是太多，斟酌了半天，我們點了份菌菇鍋底四十九元，又點了白菜八元，半份肥牛三十五元，麵筋半份六元，丸子拼盤一份三十六元，凍豆腐半份……

菜上來一看，分量太少。丸子六顆，白菜一小碗。要吃就得吃好呀，加了份牛滑三十元。

調料確實是大家說的自選，但要六元一個人；有豆漿和檸檬茶給我們選，可以無限制地加，但要四元一個人。也就是說兩個人光是調料和水就要二十元。

並且最後打八折時，調料和飲料還不打折。

吃飯過程中，一個小妹給我們換毛巾，一下子沒夾住，髒毛巾掉在白菜上。我剛準備說話，她夾起來走了。我剛想發作，朋友擺手說，讓小弟用水沖沖算了。

凍豆腐下到一半，另一半盤子裡漂著一個死蟲子，腿還掉了一隻。小弟和小妹說對不起，要幫我換了。我說要退，說了兩遍，在我的堅持下才退了。不巧的是，剛好下豆腐前，我對朋友說我有點飽了。當時站在我旁邊的小弟，難免覺得我是不是故意捉了個蟲子，退了個吃不下的菜。不然，怎麼沒有感覺他真的有歉意呢。

接著，我們點的肥牛好像成了肥羊。朋友說，這肥牛有膻味，好像上錯了，你別吃了。我嘗了一口，馬上又吐出來，真是很濃的膻味。問小弟，他說可能是切肉的刀串的味。那也串得太厲害了。倒是朋友好了，一份肉他包了。

吃到最後，湯裡漂著一隻翅膀合十的小飛蟲，就是夏天水果放一夜就會有的那種小蟲蟲。我把小蟲撈出來，放在一旁繼續吃；小弟過來時指給他看，換來他連聲的「不好意思啊」。

兩個人折後一百四十六元，不能刷卡，沒有發票。

另一個小妹說，我們是剛開業，有好多免費項目，比如美甲、擦皮鞋。我去美甲，一看，有一些「美眉」在等。我問一個小妹：我們買單了，剛知道可以美甲，請問現在等要等多長時間？小妹說：我不知道，你要問她（指美甲的小妹）。

過去一問，美甲小妹意味深長地說：要等好久呀。

我說：好久是多久？她說：前面還有十多個人排隊，每人半小時。我說：哦，那就是明天早上了。

我自然不會等，這是你家的免費服務，表情搞成我想來吃免費大餐！

總結一下，純粹炒作！

以服務為賣點，但食品安全是基礎，不能只有服務，服務又不能吃。還有，盡量少錯，錯多了讓人不舒服；「對不起」說多了不值錢。像我這樣不打笑臉的人，儘管下不去手，但感覺不舒服。

我估計這個網友的故事是真實的。海底撈的歷史一共十六年，前十年開了八家店，後六年開了五十多家。儘管海底撈每家店的生意都比同行好，但是店與店之間的差別還是很大。這顯然是海底撈更多依賴師徒制為主的管理所帶來的偏差。

而在全球有三萬多家連鎖店的麥當勞，雖然沒有海底撈的服務熱情，但它們店與店之間的服務品質差別沒有海底撈這樣大。麥當勞主要靠流程與制度管理，所有工作都有詳細的程序和標準；打暑期工的初中生，經過幾個小時的培訓，當天就可上崗。

海底撈的危機

其實，像上文的網友所反映的問題，並不是一個分店的偶然現象。我的一個學生叫王亮，二〇一〇年末給我發了一封郵件，他說：「我發這封郵件給您，主要是最近我去海底撈的翠微店吃飯，發現那個店沒有給顧客提供圍裙、髮帶和手機套。我是一個海底撈的常客了，經常去各個店吃。眼看著今年下半年海底撈換了LOGO後，開店的速度比原來提升了很多，但是翠微店的這個情況，引起了我對連鎖企業在開店速度和品質保障方面的思考。鑒於海底撈的情況，我估計管理層肯定也想了各種各樣的辦法來保持原來的品質，但是現在絕對是一個不好的苗頭。您是張勇的好友，不知您是否可以引起張勇的關注，畢竟海底撈這樣的民營企業能做到現在的規模非常不容易。」

其實，當海底撈開始走向全國時就不斷碰到這類師徒傳遞效率遞減、店與店差別大的問題。楊小麗二〇〇四年陰曆十二月二十八，突然接到張勇的通知，讓她接管鄭州大區的工作。當時海底撈一共不到八個分店，鄭州片區有二個分店。

楊小麗說：「幸好我對鄭州片區的情況多少還有一點了解，我臘月二十九趕到鄭州。到鄭州後，我先去店裡看，第一感覺是員工有些懶散，沒有一點主動意識和團隊精神。第二天一早，我就到二分店了解當天的工作安排。剛進店，就看到一個領班，嘴裡叼根煙，衣服斜搭在肩上，慢悠悠地往裡走。我心裡想，今天可是大年三十呀，這個領班怎麼不去安排工作，表現得這麼清閒？

「中午鄭州兩個分店舉行了幾個小小的聯歡活動，在最能體現團隊精神的拔河比賽中，兩個分店的員工，包括經理在內，不管誰贏了，對方都不服氣，互相爭執。一次小小的拔河比賽，評比了四五次都評不出結果，我心裡很難過。我們的員工都是以自我為中心，沒有海式大家庭那種互相幫助、共同努力、和平相處的精神。

「正月初一中午，客人已經上座了，但包間和大堂的衛生還沒有打掃好。我想這是不是生意太好了，員工打掃不過來？是否應該將休息時間調整一下？可是經過兩天的觀察，我發現不是打掃不過來，而是大家都抱著混日子的心態來上班。

「早上九點半上班，沒有一個人提前來店裡打掃衛生。非要等到九點半，大家都到齊了，才開始慢慢一起打掃。打掃的時候，也沒有一點兒緊迫感。中午上座了，還沒有打掃完；大家都不著急，領班也不協調。第二天還是照樣。

「看到這個狀態，我害怕了，照這樣下去，這個店就要毀了。

「初四早上，我給鄭州二分店的全體員工開了一個大會，在會上我通報了員工的工作狀態，並指出這樣下去的後果。同時希望大家端正態度，振作精神，如果誰想繼續抱著混日子的態度，今天就可以走人！

「會後，我對一部分員工進行考核，淘汰了一些不合格的員工。初四當天，二分店辭退和辭職的員工一共十七人（二分店不到二〇〇人）。看走了這麼多員工，很多員工感到了壓力，有些骨幹員工也擔心了，害怕人手不夠。

「我跟他們說不要怕。一個人的壞習慣，會影響一大片人。如果繼續下去，我們就是在走下坡路。這些人走了，雖然我們人少緊張些，但我們是走上坡路！

「第二天，為了配合人手少的問題，我關了三個包間。雖然大家很忙，但留下的人精神面貌煥然一新，工作都很起勁。

「月底我對鄭州片區的工作進行了盤點，從去年十一月份到今年兩月份，按理應該是生意高峰期，可是二分店的營業額只與前四個月持平。在四個月的高峰期，生意只上升了三分之一個點，這等於在走向死亡。

「為什麼會出現這個情況？我想這主要是管理的原因。第一，由於監督檢查的力度不夠，公司被一些表面現象所蒙蔽，沒有及時發現問題所在。第二，因為我們的管理人員缺少危機意識，感覺不到問題的嚴重性，對一些不良現象沒有及時制止，讓這種不良風氣慢慢擴散了。值得慶幸的是，我們發現得還算及時，現在已經把這種不良風氣剎住了。」

鄭州二分店的這件事讓楊小麗深有感觸，她說：「當海底撈要變大的時候，就會出現嚴重的危機，難怪張大哥經常說他感到危機四伏。」

從表面上看，張勇是個甩手的掌櫃，海底撈的日常運作全部由各大區經理負責。海底撈的總部在北京，他大部分時間待在海底撈沒有一家店的成都，因為他的家在那裡。然而經常「遊手好閒」的張勇毫不輕鬆，他總像一副心事很重的樣子。

張勇是個憂患意識很強的人，有時近於神經質。他說：「黃老師，別人都以為現在海底撈很好，可是我卻常常感到危機四伏，有時會在夢中驚醒！以前店少，我自己能親自管理，每個店的問題都能及時解決，幹部情況我也都瞭若指掌。現在不行了，這麼多店要靠層層的幹部去管，而有些很嚴重的問題卻不能及時發現；加之海底撈現在出名了，很多同行在學我們，所以我總擔心，搞不好，我們十幾年的心血就會毀於一旦！」

流程和制度的弊端

沒有商場實戰經歷的管理學家一定會說，海底撈應該先完善流程和制度，然後才可以開分店，這樣才不至於走樣。

可是企業家對此建議一定不屑一顧，哲學家的話更符合企業家的思路，「不在過程中生存，就在過程中死亡」。真正有效的流程和制度絕不可能事先設計好，必須是邊幹，邊摸索出來的。

張勇是一個完美主義者。他做事情，要麼不做，要做，就要做到最好。比如，海底撈第一家火鍋店的工服，他竟然按空姐的樣衣給員工度身訂做。

我請他到北大給MBA學生講課時，他說：「有一次去一個店視察，發現送給客人吃的西瓜不甜，他問店長怎麼回事，店長說：西瓜現在漲價，好西瓜要三毛一斤。張勇說：既然是送人吃的，就要送最好的；二毛一斤都送了，為什麼不再多添一毛送甜的？」

海底撈在流程與制度的開發上也是不惜血本，張勇要請世界一流的諮詢公司幫助海底撈開發和研究火鍋餐廳管理的流程和制度。可惜，火鍋是中國的，海底撈已是中國最好的火鍋店，而海底撈的難題就是世界的難題。迄今為止，尚沒有任何一個諮詢公司能解決海底撈需要的流程和制度。

什麼是流程和制度？說白了，流程和制度就是做事的程序和紀律。比如，醫生上手術臺前必須洗手，這就是紀律。洗手必須包括手臂，必須用消毒刷刷手指和手掌；必須洗三次，每次一分鐘以上——這就是流程。

其實不是流程和制度本身難，而是人與流程和制度的匹配難。人都是自然的人，沒有有效的監管，流程和制度就會流於形式。可是過度的監管，不僅使人感到不自在，而且讓人變成機器。

張勇的難題正在這裡，強化正規化流程和制度，人就容易變成機器人；再加上海底撈員工普遍來自農村，文化素質低，不熟悉城市人的生活和交往習慣，經常做過頭。

大眾網上的一個網友說：「都說海底撈服務好，但不是所有人都這樣認為。我們上次去，那個服務員就有點太熱情了，問這，問那。我們幾個朋友本想好好聊聊，可是他不停地說話，搞得我們很不舒服。我們用發短信和不搭腔這樣很明顯的方式表示不想聽他說了，可是他依然高談闊論。這樣的服務有點過了，讓人感到彆扭。」

服務員為什麼這樣做？因為海底撈要求服務員跟客人主動聊天。有的店為了檢查這項工作做得好壞，以是否能把客人的名字和電話留下作為考核指標。有的服務員說：「我不太會說話，經常要不到客人的電話和名字。領班一看我站著，就說，別像個木頭樁子似的，怎麼不去跟客人聊聊天，掌握一下客人資料？」

流程和制度還對服務進行量化，用服務的次數、頻率來確定服務的標準，因此，有的店常常要求服務員要多長時間給客人換一次熱毛巾，多長時間就換煙灰缸；還有的店以客人是否自己撈菜為考核項目，如果客人自己撈菜，就說明服務不到位。於是，搞得服務員每隔兩分鐘就去打擾客人用餐。這樣做當然容易標準化，也容易培訓服務員，可是結果卻打擾了客人正常用餐。

有服務員投訴說：「其實我們也不想硬插上去打擾客人。可是不去做，領班就說我們不做細節服務，不按標準流程做，就要受罰……」

也有的服務員為了體現微笑服務，不停地向客人微笑和行海底撈禮（把右手放在左肩上，身體向前鞠躬）。有的服務員，甚至當客人走出包間，手還在肩上放著，臉還保持著微笑。

難怪有客人說：「怎麼海底撈服務員的笑越來越假了？」

也有服務員說：「最近我們店抓得最嚴的就是三件事，服務態度、細節和流程。比如先做什麼，後做什麼，還有說話的語氣、動作和表情。可是在實際服務中，這三件事很難掌握。「比如最近天氣很冷，我們包房裡的制暖設備不好，房間裡很冷。按照服務程序，客人進來後，第一程序是上毛巾，第二程序是給客人上水果。但我覺得如果對客人真誠的話，最好第一件事是給客人倒杯熱茶！」

西安三店的楊志敏對這個問題的苦惱很有代表性。她說：

「我是看大包房的，這個房間一般坐十二個人，可是有時客人來十四、十五甚至十六個，於是，就只得加座，坐得很擠。在這種情況下，按規定程序必須做的一些桌面服務就很難到位，比如，及時換杯子、加飲料、清理桌面、盛湯和撈菜。

「海底撈的客人一般同時用兩個以上的杯子，兩個碗，一個碟，想想看，十五個人要用多少？如果按程序我就要不停地擠在客人中間幹這個幹那個，有時甚至需要客人暫時站起來。因此，我覺得此時服務少點，讓客人吃個安生飯，比硬要體現服務更重要。

「可是如果我站著沒事做，領班就會說：『沒事，為什麼不做細節服務，可以搞一下桌面衛生嘛！你看桌面這麼髒，還有空杯子也不撤！至少你可以給客人撈菜嘛。』

「領導按流程和制度來檢查時，畢竟只看到客人用餐的一個瞬間，而我們服務員是從頭到尾跟著客人的，因此我們更知道客人需要什麼樣的服務。可是如果不按領導的要求去做，我的評估打分就會低。

「還有，按照服務程序，我們要給客人撈菜，可是有時情侶來吃飯，男方想獻殷勤，我們恰恰應該讓他自己做這些事。還有帶老年人和小孩來吃飯的，家庭成員更知道他們喜歡什麼和怎麼吃，要知道火鍋畢竟是半自助的吃法。這時我們也不應該把固定的服務程序強加給客人。」

這就是流程和制度的弊端，（1）把每個客人的需求都假設成一樣的；（2）把每個員工都假設為偷懶和沒有頭腦的。

只按流程和制度做事的員工會讓客人感到不舒服：只按流程和制度做事的幹部同樣也讓員工感到不自然。張勇幫助楊小麗家還債、看望生病中的馮伯英和對員工進行家訪這些做法，不僅廣為海底撈人所知，而且逐漸變成海底撈對員工親情化管理的制度。比如，店長和工會幹部要定期對員工進行家訪，員工生病時一定要看望等等。

可是人這種動物就是怪，什麼東西一變成制度就變味了。比如對員工出於真心的關懷和為了執行親情化制度的關懷，做的雖然是同樣的事，可給人的感覺就是不同。而且一旦變成制度，就有人鑽空子。員工雖然是顧客，但顧客也有不是上帝的。海底撈還真就有員工偷懶泡病號，同事們都知道，但店長和幹部們被蒙在鼓裡；不僅批假，還拎著東西傻顛顛地去看。也有的員工賭錢，輸光了，撒謊說家裡困難，領導為了親情化管理，也就借錢給他。結果，幹部的能力和權威在員工心目中大打折扣。

如何修正流程和制度本身的弊端？靠人。

靠什麼人？

靠訓練有素、素質高和責任心強的人。

法國人講究吃什麼菜要配什麼酒，因此法國餐館有一種中國餐館沒有的職位，叫配酒師。這是法國人發明的，只有在高檔餐廳才有這樣的職位。配酒師的主要任務就是幫助客人們選酒，他們通常會在客人點完菜後出現。如果客人是一個懂酒或自認為懂的人，他們就會站在一旁記下他要的酒，絕不多說一個詞，有問才答，讓客人們舒舒服服地享受著點酒的過程；如果客人是一個對酒不甚了解的人，願意向他們求助，他們會根據你的價格搭配出最適合你所選食物的酒。當然，如果你選擇比較貴的酒，他們的服務會更加殷勤。但不管貴賤，他們幫你配出的酒絕對不會出錯。

可是這樣的配酒師，就像一瓶好的法國葡萄酒，首先要原料好，其次需要時間。

而海底撈缺的恰恰是這兩樣東西。

世界是灰色的

毫無疑問，海底撈在發展初期更多是依賴師徒制的人治，而當企業越來越大時，必然要更多依賴制度與流程的法治。按照流程和制度的管理，對人的評價就要有客觀標準了。於是，海底撈在二〇〇七年推出「升遷考」的晉升制度。

什麼是升遷考？說白了，就是員工要想晉升，不僅要符合以前的標準——能幹，還要有一定的文化和專業素質。像前面提到的連阿拉伯二和五這兩個數字還不認識的吳阿姨，即使再能幹，如果不能通過文化素質考試，她也不能再晉升了。

近些年大學畢業生就業困難，也有大學畢業生開始加入海底撈。這些人同海底撈現在主流員工的最大區別，不僅是他們有較高的教育背景，而且學而優則仕的中國文化，往往也會讓讀書人自視過高，放不下身段。

下面這段話是出自於一個不願意透露姓名的，在海底撈工作的大學畢業生，他說：「前段時間，鄭州片區的大學生員工接二連三地離職，表面上看去，這是一種個人行為的疊加，但實際上，這是企業行為的一種折射：企業環境的不適導致了員工的離職。個中原因，我認為最重要的是缺乏對大學生員工的信任與關注，從而導致他們對未來的發展感到迷茫，進而內心產生一種無所適從感；除此之外，海底撈的工作時間對於那些已經適應的老員工來說並不算長，然而對於剛剛走出校園的大學生而言就另當別論了。他們擅長的是在大學中所培養出來的各種文化素養，而不是體力上的一味堅持。然而，海底撈的管理層卻用同樣的績效考核標準去要求他們。這無異於拿他們的短處去和別人的長處相比，因而必然會造成他們心理上的落差與不滿，最終只能選擇離開。」

如何讓這些文化素質比較高的員工能通過海底撈從服務員做起這個難關？如何從文化素質比較低的員工中，用升遷考的方法選拔出有潛質的管理人才？這樣做的同時，如何能保持海底撈現已形成的不拘一格選人才的文化？這些問題目前正在挑戰著張勇和海底撈人的智慧。

毫無疑問，升遷考與師徒制是有衝突的。按照升遷考，文化素質高的人容易晉升；反之，肯幹吃苦的人容易晉升。與師徒制的傳幫帶相比，升遷考的制度有兩個優點，一是比較客觀，二是可以大規模選拔和培養幹部；然而，弊端是不容易傳神。

我們在海底撈調查時發現，有些店竟把海底撈最寶貴的員工授權，變成了員工應對升遷考的工具。北京四店的王豔說：

「有一天晚上我負責的區域客人不是很多，我就到另一個區域去幫忙。我剛去，有一桌客人說，服務員，給我們來一份泡菜。

「我說，好，馬上就來，便快步跑到電腦上把這份泡菜加到單子上去，同時告訴負責這個區域的服務員把這份泡菜給客人送去。誰知，我跟她說了後，她一副滿不在乎的神態說，不就一份泡菜嗎，送給他們吃算了！

「說實話，我當時真是很心疼。我心疼的是她作為一名優秀的老員工，竟然這樣濫用我們手中的授權。雖然一份泡菜不值幾個錢，但也不能這樣隨隨便便送給人。回宿舍後，我把這個情況同另一個同事講，她歎了一口氣說，咳，沒辦法，都是為了客人滿意，別說一份泡菜呀，就是送一份牛滑也沒人敢攔。

「的確，這樣的事情在我們店很多。我還見過一個小吃師傅，把一份小吃送給客人時，客人說，我們沒點呀？這時服務員跑進來說，這是我送給你們的，我叫×××，請你下次來吃飯，再找我。

「試問，這也算讓客人滿意的授權？有時甚至是客人在買單檢查小票時發現多上了菜，我們的服務員才告訴客人說，這個菜是我送給你們的。客人問為什麼要送給他們時，服務員竟然啞口無言。

「我問這些員工，大家為什麼把不應該送給客人的菜，送給客人吃？

「他們說，他們店把員工的點台率作為一個重要指標，客人用餐時，點誰的名多，就代表誰的顧客滿意度高，獎金也就高，同時這也是升職的依據之一。現在有的服務員標準用語就是：『姐，我叫×××，這是我送給您的四盒黃豆和打包的豆漿，您下回來還找我吧。』於是，很多客人來都直接找她，因為她最大方。還有的服務員更直接，就跟客人說：『請你下次來找我，我可以給你打折。你找別的人可能沒這麼優惠。』

「還有的店長為了降低顧客投訴率，對客人的投訴不進行仔細分析，只是按規定處罰員工，無視員工的自尊，導致員工流失。比如，一位年輕的父親高興時把孩子往空中拋著玩，結果孩子嚇哭了。去洗手間時，清潔阿姨看這個孩子的臉太髒，主動幫他洗洗，可是不小心碰響了烘手機，小孩又被嚇哭了。於是，那位父親投訴了這個優秀員工。結果，店長也按程序處理，把她調到後堂還降了工資。」

顯然這不是張勇想要的海底撈，他要的是，變大了的海底撈還是他所熟悉的海底撈。然而，天下沒有白吃的午餐。這是海底撈從師徒制的傳幫帶，向以制度和流程為主的升遷考轉變過程中所必須付出的成本。

毫無疑問，流程與制度更多是需要用指標說話，而師徒制的傳幫帶更多依賴於師傅的感覺。這兩者在本質上是衝突的！然而，真實的世界是灰色的，任何有效的管理方法，一定是既需要流程和制度，又需要管理者的感覺。

兩者誰重誰輕？

不同的行業、企業、文化和對象，一定會有不同的平衡；只要能達到目的，每個答案都對！

讓我們關注張勇，關注海底撈。看看不斷變大了的海底撈，會尋找到什麼平衡？

海底撈不考核利潤！

張勇考核海底撈每個分店的方法不是有點怪，而是很怪。海底撈總部對分店的考核中都不考核利潤指標。不僅如此，張勇對海底撈總公司每年要賺多少錢也沒有目標要求。

我問他：「你為什麼不考核利潤？」

他說：「考核利潤沒用，利潤只是做事的結果，事做不好，利潤不可能高；事做好了，利潤不可能低。另外，利潤是很多部門工作的綜合結果；每個部門的作用不一樣，很難合理地分清楚。不僅如此，利潤還有偶然因素，比如，一個店如果選址不好，不論店長和員工怎麼努力，也做不過一個管理一般、位置好的店。可是店長和員工對選址根本沒有發言權，你硬要考核分店的利潤，不僅不科學，也不合理。」

我說：「利潤多少同成本也有關，各店起碼對降低成本還是能起一定作用的吧？」

張勇說：「對，但店長以下的管理層能起到的更大作用是什麼？是提高服務水準，抓更多的顧客！相對於創造更多營業額來說，降低成本在分店這個層次就是次要的了。

「隨著海底撈的管理向流程和制度轉變，我們也開始推行績效考核。結果，有的社區試行對分店進行利潤考核，於是就發生掃廁所的掃把都沒毛了還用；免費給客人吃的西瓜也不甜了；給客人擦手的手巾也有漏洞了。

「為什麼？因為選址、裝修、菜式、定價和人員工資這些成本大頭，都由總部定完了，分店對成本的控制空間不大。如果你非要考核利潤，基層員工的注意力只能放在這些芝麻上。我們及時發現了這個現象，馬上就停止對利潤指標的考核。其實稍有商業常識的幹部和員工，不會不關心成本和利潤。你不考核，僅僅是核算，大家都已經很關注了；你再考核，關注必然會過度。」

績效考核有句名言：「考核什麼，員工就關注什麼。」

我一個同學的獨生女，二〇〇七年大學畢業，學的是財政專業。這種專業好聽不實用，為了給這位千金找工作，他費了九牛二虎之力。最終，在一家銀行找了一份坐櫃檯的工作。

二〇〇九年我見到他，問：「女兒工作得怎麼樣？」

他哭笑不得地說：「可別提了，人家的工作都掙錢，我女兒的工作是虧錢。」

我問：「為什麼？」

他說：「都是績效考核惹的禍！你知道現在銀行都上市了，上市就有業績壓力了。從去年開始，我女兒銀行推行績效考核。銀行把指標層層分解到各分行，各分行再分解到各支行，各支行最後分解到每個員工頭上。我女兒是做前臺的，他們每個人都有推銷信用卡的任務，我女兒的任務是四張。她第一個月沒有完成任務，就讓我和我老婆一人辦了一張；第二個月仍沒完成任務，結果，她自己一個人辦了四張。我們家現在一下子有六張信用卡。」

我說：「你們家成美國人了，每人好幾張信用卡！」

他接著說：「也不是她一人這樣做，她說完不成任務的同事都這樣。銀行很快就發現怎麼一下多了這麼多睡大覺的信用卡，於是，又考核信用卡的活躍程度。結果怎麼著？我女兒就逼著我們輪流用信用卡，這個星期用這張，下個星期用另外一張。現在我們買東西，要先問人家能不能用信用卡；不能用，就去別的地方。我們家現在連油鹽醬醋這些東西，都要特地跑到大超市買；算上交通費和時間，這些東西比原來就近買的都貴！我老婆說，我們現在是全家貼錢給銀行打工呢！」

我同學看我張著嘴，好像星外來客似的聽著，又說：「這還不算，他們銀行今年又給員工定了推銷基金的指標，員工的獎金要同推銷的基金額掛鉤。可是我女兒像我一樣，嘴笨不說，說假話還臉紅。結果連續兩個月考核，她都排在末尾，下班回家就吃不下飯。最後沒辦法，我們家把三十萬儲蓄拿出來買了女兒的基金，女兒的飯碗保住了，可是半年後我們家基金整整虧了十萬！你說，我女兒這工作是賺錢還是虧錢？」

他接著又說：「這還不算完，銀行又考核微笑服務。如果員工對客人不微笑或者受到客人投訴也要扣獎金。結果這下好了，女兒上班時笑了，回家臉就耷拉下來，搞得我們兩口子在她面前說話也要小心翼翼。」

他越說越氣憤，把我也捎帶上了：「都是你們這幫教授專家為了賺錢，到處推行什麼目標管理、**KPI**（關鍵業績指標）、三百六十度、平衡卡給搞的。像你我這麼大歲數的人都知道，人心裡不舒服，對人不可能友善。如果真對你友善了，不是有求於你，就是給逼出來的；可是逼出來的笑，能是好笑嗎?!不信，你現在去銀行看看那些員工的臉！」

心理學有一條定律叫轉向攻擊，說的是，人不幸福，對別人不可能友善的道理。同學女兒對工作不滿意，心裡自然不幸福；心裡不幸福，對上級不敢發火，只能發洩到其他對象身上，比如工作本身、同事或顧客。可是三百六十度評估讓她對同事不敢不友善，績效評估讓她對工作不敢馬虎，微笑服務讓她對顧客也不敢發火，但她也是人呀，心裡不滿總要有個管道發洩才行，於是她只能讓自己那張年輕女孩的臉變得不好看，以此來攻擊整個環境——讓環境充滿著假笑苦笑職業笑，諂笑奸笑皮笑肉不笑，唯獨少了真笑。

看來，海底撈員工的真笑同海底撈的考核也有關。

績效考核是鋤頭

我問張勇：「你們連每個火鍋店的營業額也不考核？」

張勇說：「對。我們不僅不考核各店的利潤，我們也不考核營業額和餐飲業經常用的一些KPI，比如單客消費額等。因為這些指標也是結果性指標。如果一個管理者非要等這些結果出來才知道生意好壞，那黃瓜菜不早就涼了。這就等於治理江河污染，你不治污染源，總在下游搞什麼檢測、過濾、除污泥，有什麼用？」

剛剛成為長江商學院EMBA學員的張勇，上完績效考核的課後，跟我說：「黃老師，我覺得公司把結果指標作為目標分解到每個部門和員工身上，然後按此進行考核、激勵和懲罰的做法，聽起來科學，很有道理，但做起來太難了。因為企業績效是所有員工協作勞動的結果，每個部門和員工的作用不同，指標就應該不一樣。怎麼確定這些指標，必須要懂行的人做才行，否則一定會撿了芝麻丟了西瓜，甚至考歪了。我說的懂行，可不是懂人力資源，而是要懂得做生意和管理的人。

「我們現在對每個火鍋店的考核只有三類指標，一是顧客滿意度，二是員工積極性，三是幹部培養。」

我說：「這些指標可都是定性的，你怎麼考核？」

張勇說：「對，是定性的指標。定性的東西，你只能按定性考核。黃老師，我真不懂這些科學管理工具為什麼非要給定性的指標打分。比如客戶滿意度。難道非要給每個客人發張滿意度調查表？你想想看，有多少顧客酒足飯飽後，願意給你填那個表？讓顧客填表，不反而增加顧客的不滿意嗎？再說，人家礙著面子勉強給你填的那張表，又有多少可信度？」

我說：「那你怎麼考核顧客滿意度？」

他說：「我們就是讓店長的直接上級——小區經理經常在店中巡查。不是定期去，而是隨時去。小區經理和他們的助理，不斷同店長溝通，顧客哪些方面的滿意度比過去好，哪些比過去差；這個月熟客多了，還是少了。我們的小區經理都是服務員出身，他們對客人的滿意情況當然都是行內人的判斷。

「對員工積極性的考核也是如此，你黃老師去考核肯定不成，因為你看到每個服務員都是跑來跑去，笑呵呵的沒什麼不一樣。可是我就會跟你說：你看那個男生的頭髮長得超出了規定；這個女生的妝化得馬馬虎虎；有幾個員工的鞋髒了；那個員工站在那裡，眼睛睜著，腦袋走神了。這不就是員工積極性的表現嗎?!店長對組長，組長對員工的考核也如此，都是這種定性的考核。」

我又問：「他們的獎金就根據這些定性的考核決定？」

張勇說：「不僅是獎金，他們的提升和降職也都是根據這三個指標。你想想看，一個不公平的店長，手下的服務員怎麼可能普遍有積極性？服務員積極性不高，客戶的滿意度怎麼可能高？在這種情況下，你不會等到這家店的營業額和利潤數字出來後再提醒他或撤換他，因為結果一定不會好，即使好也不是他的原因。我們就有很賺錢的店，但是店長就是提不起來，因為他培養人的能力不行。他一休假，店裡就出亂子。那麼即便他的店很賺錢，他也可能被降職。」

我又說：「按照你的考核方式，下級的命運全由直接主管來決定，這樣是否足夠公平和客觀？」

張勇說：「不是全部，而是主要由上級來決定。你想想看，上級同自己的直接下級在一起時間最長，工作交往最多，也最了解下級的工作狀態和為人。如果他不對下級的升遷起主要決定作用，誰更有資格來決定呢？把大多數人拍腦袋的判斷，用資料表現出來就客觀了嗎？我看不一定。其他人的意見只能起參考作用，如果其他同事對這個人有意見，平常就會自覺不自覺地表現出來，作為經常同他在一起的上級，很容易就會發現，這也是上級考察下級的一個方面嘛。

「當然我們的定性考核不是上級說你行，你就行。我們也逐漸摸索出一些驗證流程和標準，比如用抽查和神秘訪客等方法對各店的考核進行複查。對這些考核結果，要經過上一級以上管理者的驗證通過。同時，我們還有越級投訴機制，當下級發現上級不公平，特別是人品方面的問題時，下級隨時可以向上級的上級，直至大區經理和總部投訴。

「什麼叫客觀？我看這種用懂行管理者的『人』的判斷，比那些用科學定量化的考核工具得出來的結果更客觀，至少在我們火鍋行業是如此。你說對不對？黃老師。」張勇挑戰地問我。

我問：「你們的績效評估系統是請哪個諮詢公司幫你們搞的？」

張勇說：「沒有請諮詢公司做，我們就是這麼一邊開店一邊摸索出來的。當然問題也不少，我們也想請諮詢公司驗證一下我們的做法對不對，可是諮詢公司的專家們很少有做過火鍋這麼低檔行業的。

「有一次，一個你們北大畢業的，在一個外國諮詢公司做高級諮詢師的人問我，你用哪些指標判斷一個店的生意好壞？我說，我不用指標，我到那個店看一看，就知道它的生意好壞，問題出在哪裡。他說，那你的海底撈要是開一千家店呢？我說，那我就訓練一百個跟我差不多的小區經理。」

聽完張勇的績效評估，我想起三十多年前，我從城裡中學畢業下鄉當知青的經歷。第一年，城裡來的知青只拿了幹同樣活兒的農村青年一半的工資，我們申訴為什麼同工不同酬？隊長說：「別人拿鋤頭鏟的是草，留的是苗；可是你們鏟的是苗，留的是草，給一半工資都是照顧你們！」

我們啞口無言，因為在城市長大，剛下鄉，分不清草和苗。

原來績效評估工具就是鋤頭，懂行的管理者拿到手裡就能鏟草，不懂行的拿到手鏟的就是苗。難怪張勇的心病是培養人。他要的人，不僅是能用鋤頭，而且還要能分清苗和草。

能下蛋的雞才值錢！

表面看，海底撈的管理體制與一般連鎖餐廳差不多。海底撈分三級管理，第一級，總部管大區，中國一共有三個大區，鄭州、北京和上海；第二級，大區管小區，每個大區根據分店數量的多少設小區，比如，北京大區有三個小區；第三級，小區管分店。

這種管理體系的設置往往是從地域相近、方便管理的角度考慮，可是海底撈的第二、三級則不是按地域相近的原則管理。如果按地域的原則，北京距離天津近，北京大區應該負責天津分店的管理，可是海底撈天津分店卻由鄭州大區管理；另外，一個北京小區經理負責的分店可能橫跨整個城市的東西南北，而另一個北京小區經理負責的分店也可能是分布在北京的東南西北。

為什麼會這樣？

這是海底撈師徒制培養人的方法，和企業內部按層級管理的體制相對接，產生出的一種特殊模式。

人都是獨特的，人的成熟需要不同的實踐和經歷。比如，一個小區經理下面的一個徒弟出徒了。當他或她有能力當店經理時，北京大區恰巧在最西邊找了一個合適的地方開店，這個徒弟就會被提升為這個新店的經理。可是師傅不能撒手不管，扶上馬還要送一程。不僅如此，徒弟的「品質」要在使用中接受檢驗，徒弟就是師傅的「產品」，師傅必須保證徒弟的「品質」，而且有些「品質」問題，比如徒弟的品德，師傅要終身保修！因此，這個新店的營運就要由這個師傅——小區經理負責。

於是，海底撈這種貌似按區域管理，但實際是按誰培養的人由誰管理的獨特方式就形成了。有的小區經理培養人的速度快，可以管六個店；有的小區經理培養人的速度慢，可能只管三個店。能管六個店以上的小區經理，就是一級的小區經理，如果這個小區經理還能源源不斷培養合格的管理人才，同時自己負責的分店業務情況都很好，就證明他或她的管理能力強，於是，這個小區經理就有機會被提升為大區經理。這同共產黨打江山時對軍隊的管理一樣，誰的能力強，誰的兵就多；誰的兵多，誰在軍中的軍階就高。於是，最年輕的林彪居然在十大元帥中排第三。據說，林彪一九四五年進入東北時，帶的隊伍只有十萬人；一九四八年，他指揮的第四野軍從東北殺出來時，超過了一百萬。

真可謂「海闊憑魚躍，天高任鳥飛」。戰爭的殘酷最需要一個組織內部的公平，這樣大家才能同仇敵愾。

海底撈在考評小區經理時，也不是僅看能管多少店。這同打仗的道理一樣，兵多，還要能打勝仗，才是好將軍。如果你培養人的能力很強，可是熊瞎子掰苞米，掰一個，丟一個，負責的店管得不好，就說明你培養的人有水分。

如何考評一個管理者對人的培養能力？

這可是一個大難題。這個問題要真能解決，企業就一定能經營好，因為所有企業都缺能幹的管理者。

海底撈考核管理者培養人的能力做法很有意思，既簡單直觀，又相當細緻複雜。一個總的指標，是看你能否使八〇％直接下屬的能力在一定時間內得到提升？比如，一個小區經理管五個分店，這五個分店今年都是二級店。如果在一定時間裡，你能讓其中四個分店達到一級店，就說明你八〇％直接手下的能力有了提升，因為這四個二級店的店長在你手下成了一級店店長。

只有成為一級店的店長，才有資格培養新店長；只有成為一個能培養店長的店長，你才有可能成為小區經理；只有成為小區經理，你才有可能成為大區經理……

能下蛋的母雞才值錢。在海底撈能培養幹部的幹部晉升得最快。有些店長兢兢業業，每天都早來晚走，可是做了店長好幾年，他的店就是評不上一級店；有潛力的人不願意在他手下幹，不是辭職，就是調到別的店。

這說明什麼？說明你是公雞，你只能自己幹，不會用人和培養人；人家跟著你，沒有大出息。二〇一〇年，張勇一口氣免了三個這樣兢兢業業的「公雞」店長，其中一個店長聽到消息後當場昏倒。在海底撈當幹部真累，僅僅忠誠正直、積極肯幹、任勞任怨不夠，還必須能培養人！

我問張勇：「你這種一個帥才帶出一堆將軍的培養人方式，會不會尾大不掉，存在將來背叛你的可能？」

張勇說：「第一，我還沒大。如果沒大，就防著別人，你能做大嗎？第二，別人背叛我一定是有原因的，或者是海底撈走歪了，或者我不公平。這都是逼著我要把海底撈做好的動力和壓力。」

由誰和如何評定一個分店的級別？

當然是上級，不過海底撈評店的流程和方法相當複雜。這不僅涉及到公平問題，而且直接關係到海底撈擴張的品質。海底撈的做法有點類似賣高檔汽車的4S店。要開這樣的店，不是只有錢就能開。你必須還要有一定數量的、經過這些汽車公司專門培訓和認可的合格工程師和技師，管理層要通過他們專門的流程考試，並且不斷接受他們的培訓和檢查。

海底撈評店時，首先由店長自己上報申請，比如，你認為你的店能達到一級店的水準了，你的直接上級和他的上級，還有總部的專業部門就會派人公開和秘密地對你的店進行考察。

比如，其中一個標準是一級店的優秀員工至少要佔十%的比例。你的上級會對你所上報的優秀員工進行抽查，看他們夠不夠優秀員工的標準。千萬不要忘記：你的上級，和你上級的上級可都是從服務員幹起來的，他們對服務員的考核，不是一般人力資源部門的那種素質考核，而是師傅考徒弟式的考核。如果你上報的三十名一級員工，經過考核有一定比例不夠一級的水準，對不起，哪怕你的經營狀況再好，你的店仍然不是一級店，因此，你還沒有資格培養店長。

有人可能不理解，為什麼一個店的經營狀況好，卻沒有資格成為一級店？因為一個餐館的經營狀況，很可能同它的地理位置有更大的關係！

這些評店的考核者都是承擔責任的直線領導，對店的考核品質也直接關係到他們的工作。如果為了人情，把本來不夠當店長的人提拔起來，他們自己要受累，因為他們也要對新店長的工作負責。

海底撈的幹部把這種考評，稱為二十一座大山。比如，既然海底撈的顧客滿意率不是通過讓顧客填表獲得，那麼第一，店長就要知道如何評價和考核顧客滿意率；第二，小區經理要對店長的顧客滿意率檢查並認可；第三，小區經理的上級也會有代表到現場看；第四，別的小區也會有人交叉來檢查；最後，總部的技術部門也會有人來認定和指導。

海底撈把這種上級不斷到現場檢查、審核和指導稱為巡店。

我問張勇：「你們對幹部巡店有沒有流程的規定？比如，多長時間，哪一級必須要巡幾個店？」

張勇說：「有，但是不管用。不是他們達不到流程的規定，而是總超出流程的要求。海底撈的幹部如果不開會，整天都在店裡。因為我們的幹部都是服務員出身，像我一樣不習慣用數字和報告管理企業，更習慣於現場辦公。」

豐田汽車管理方法的發明者大野耐一說，豐田管理方法的精髓是現場發現問題，現場解決問題。

海底撈的劣勢歪打正著，又變成了優勢。

第五章

張勇其人

張勇其人

張勇是四川簡陽人。簡陽距離成都八十多公里，是四川省人口最多的一個縣。簡陽農業發達，是成都的菜園子。世界進入工業化後，農業發達幾乎就是經濟落後的代名詞，簡陽也不例外。

一九七一年出生在這座農業大縣縣城的張勇，是在五家人共住的一個大雜院裡長大的。張勇的家境在那個大院裡屬於一般，父親是農機廠的廚師，母親是小學教員，張勇下面有兩個弟弟，家裡還有一個奶奶。

張勇的童年正好趕上中國物資最匱乏的時期。五家平民中生活最好的一家，男人是縣城一家國營旅店的經理。這位經理當時喝酒的下酒菜經常是幾粒花生米，每一粒還要掰開四瓣吃。因此，貧窮成了張勇與生俱來的恐懼和敵人，有關物質貧乏的回憶幾乎構成張勇兒時記憶的主體。正因為如此，「雙手改變命運」才變成張勇和海底撈的人生目標。

貧窮不僅是張勇的敵人，也成為他解釋這個世界的哲學。直到今天，談到社會不公平現象時，他往往只歸結為一句話：「都是貧窮造成的。」

可幸的是，張勇兒時的貧窮並沒有給他造成自卑，因為當時大家都窮。相反，在貧窮中長大的張勇有著與他生長環境極不相符的自信。這可能得益於三個因素，第一，由於媽媽是小學教師的原因，他們家是五戶人家中唯一訂閱《少年報》和兒童讀物的家庭，於是，張勇有了愛看書的習慣；第二，愛聽收音機，張勇兒時的玩伴說，他們在外面玩時，張勇喜歡一個人在屋裡聽收音機；第三，由於上面兩個原因，他從小就得到四合院裡最有地位的人——那個旅店經理的欣賞，那個經理在院子裡喝酒時喜歡找人聊天，張勇經常是他唯一的聊伴。

經理也是個喜歡看報看書關心時事的人，總是一邊咂著酒，一邊掰著花生米，一邊同坐在板凳上，比他小二十多歲、看他喝酒的張勇，天南海北地神聊。自然，這位忠誠的「酒友」得到經理的另眼相看。他說：「這孩子將來一定有出息。」當張勇再大一點時，這個經理竟提出來：「以後我出差，帶你出去開開眼界。」

我問張勇：「這個經理沒有孩子嗎？」

張勇說：「我也感到奇怪，他也有兩個男孩，其中一個同我的年齡還差不多，可是他沒有說要帶他們去。」

顯然在經理喝酒的時候，他的孩子同大雜院裡其他孩子一樣，都在忙著孩子的遊戲。而張勇則是他的忘年交。二〇一〇年，快四十歲的張勇回憶這位忘年交時說：「我剛剛辦火鍋店時，他得了食道癌。當他快不行時，託人把我叫去。已經說不出話的他，用手沾著水，在桌子上寫下三個大字，好好幹！我一下子把臉扭過去，我不想讓他看見我的眼淚。」

張勇從書報裡、廣播中，以及和比他年長二十多歲、見多識廣的旅店經理的交談中，自然獲得了其他孩子所獲得不到的信息。在那個物質極度匱乏的年代，孩子中間沒有多少物質可炫耀，能讓一個男孩鶴立雞群的資本，除了拳頭，就是知識。

張勇不是個孔武的人。據他的記憶，從小到大只動手打了一次架（張家兄弟之間三人的內戰除外），還是在他們這夥人多勢眾的情況下。張勇的知識使他成為孩子頭。他長大之後也毫不掩飾地說：「不知道為什麼，別人總是聽我的。」顯然，張勇是有領袖欲的人。

可是愛讀書看報的張勇並不是一個學習好的學生。因為初中的成績並不十分突出，也因為家裡生活困難希望他早點就業，父母沒讓他繼續讀高中，而是進了簡陽一所保證分配工作的技工學校學電焊。這件事讓張勇感到很不爽，至今談起來，他還有點憤憤不平。

天生就想做大事的張勇，哪裡看得起電焊工。他把學校發的電焊材料都給了同學，上學期間除了看雜書就是玩。好在張勇周圍總有一幫人，所有考試都是幾個同學幫他應付的，最後，甚至連畢業證書都是別人幫他拿回來的。

一九八八年，十八歲的張勇技校畢業，成為了四川國營拖拉機廠的一名工人。

第一次融資

混了個技校畢業的張勇，被分配到他爸爸當廚師的四川國營拖拉機廠。可是這個學電焊的技校畢業生，連最基本的電焊工作都不會幹，成了車間遊手好閒的「刺頭」。好在這個刺頭並不惹是生非，只不過早來晚走和經常曠工罷了。

然而遊手好閒兼愛讀書看報的張勇沒有閒著，他時刻關注著周圍和新聞裡的國家大事和商業信息。

一九九〇年他家住的大雜院裡，已經出現了當時中國的第一批富人——個體戶。詹婆婆家就在張勇家隔壁，她丈夫有一手祖傳做熏鵝的手藝，詹婆婆一家做起了熏鵝生意。大雜院裡充斥著熏鵝的香味和洗鵝的惡臭。張勇不僅經常可以品嘗那些賣剩下的熏鵝美味，更被熏鵝生意為這家鄰居帶來的生活變化感到驚奇。詹婆婆家很快成為當時簡陽少有的萬元戶，而此時張勇每月的工資僅九〇元。

榜樣的力量是無窮的！張勇看到了希望。

做什麼生意？賣熏鵝顯然不是張勇所嚮往的，因為太沒有技術含量。滿腹經綸的張勇豈能看得上飲食業！於是，張勇開始四處尋找生意機會。終於，他捕捉到第一個商機，他去成都的時候，看到很多人玩一種「壓大小」的撲克機遊戲。看到一大堆人圍著一台機器，爭先恐後往上壓錢，張勇眼睛亮了，就做這個生意！買一台，放到簡陽，錢就會花花進來！可是去哪裡買撲克機呢？那可是賭博用具，不會公開銷售的。

張勇發揮了他的強項——看報紙，從報紙上找信息。工夫不負有心人，他終於在《參考消息》報的接縫處，發現了撲克機的廣告。於是順藤摸瓜，他在成都走街串巷，明察暗訪找到了一個非法賣撲克機的人。

那是一個一頭長髮、野鶴仙遊的福建人。他對這個二十一歲來自簡陽的小夥子充滿好奇，因為買這種撲克機的人幾乎都是相當成熟的人，而且都要經過熟人介紹。

張勇問：「多少錢？」

福建人說：「要六千。」

張勇倒吸一口冷氣，說：「沒想到這麼貴！」

其實跟同齡人比，張勇在當時是有錢人。因為張勇知道任何生意都需要本錢，所以他從上班第一個月起，就將每月工資全數交給母親攢著。一般年輕人上班賺錢了，總要買點新衣服，可是一心想做大事的張勇，上班後居然還穿帶補丁的褲子，這在當時的確有些寒酸和與眾不同。張勇工作兩年攢了整整二千元。這在當時不是一筆小錢。

顯然，福建人是個老練的生意人。他對張勇說：「小夥子，我覺得你將來一定能成大事，因此，賣你五千元。」

二十多年後，張勇跟我談起此事時仍不無奇怪地說：「那個人居然說我能成大事！」

由此可見，要做大事已成為張勇的信仰。儘管他今天已成為一萬多名員工的老闆，他還要從宿命論裡尋找依據。他對那位忘年交——旅店經理——對他的印象記得如此深刻，說明的也是同一個問題。

心理學認為正常人都自戀，人對自己的成功，會更多地從努力和基因方面尋找答案；而對別人的成功，則會更多地用機遇和背景給予解釋。

沒人不喜歡誇獎，更何況一個二十一歲的青年。

再加上，人家給便宜了一千元！這可是張勇一年的工資。

對那位如此看重自己並給了優惠的福建人，他滿懷感激地說：「你等著，我回去借錢。」

回到簡陽，張勇從媽媽那裡取出自己的二千元積蓄，再加上家裡僅有的一千六百元，還差一千四百元。此時，一個幫助爸爸打理雜貨店的中學同班同學，聽說張勇的商業計畫和困難時，毫不猶豫地從爸爸雜貨店的錢箱裡偷出一沓錢。倆人跑到房後一查，是六百元。事後證明，這是一筆最具風險精神的「風險投資」。

可是距離福建人的五千元，還差八百元？

張勇身邊的有錢人只有賣熏鵝的詹婆婆了。他找到詹婆婆說：「我要做生意，差一點錢，能不能借我？」

詹婆婆問：「差多少　」

「八百元。」張勇說。

賣烤鵝的詹婆婆居然沒有問張勇「你爸媽知道這件事嗎」，便爽快地借給他八百元。

在那個年代，八百元不是一個小數。詹婆婆這麼輕鬆地將錢借給嘴上沒毛的張勇，完全超出了我的想像。我問張勇這位詹婆婆還在嗎？他說：「還在，而且就在成都。」於是，我見到了這位詹婆婆。

二十多年了，詹婆婆一家居然還在賣烤鵝，而且仍然是在四川街邊那種路邊店裡賣。我問已經是六十多歲的詹婆婆，張勇當時向你借錢，你問沒問他做什麼生意？詹婆婆說：「好像問了，記不太清了。對了，張勇說要做什麼遊戲機生意，我也不懂，就把錢借給他了。」

我又問：「那你問沒問張勇，他爸媽知道嗎？」

詹婆婆說：「沒有問，問他們幹嗎？我知道張勇不會亂來。再說我們兩家關係很好，他們家有時月末錢不夠，也經常向我借。這件事很多年後，他爸媽才知道。」

「那你沒想過張勇做生意失敗，還不上你的錢？」我又問。

爽快的詹婆婆哈哈大笑地說：「沒想過。」接著又說：「還不上，就還不上吧！」

後面這句話，我估計是現在的詹婆婆思考之後才說出來的。前面那句「沒想過」倒可能是詹婆婆二十多年前的直覺。詹婆婆是退休後才做烤鵝生意的，她退休前也是小學老師。可能這個閱孩無數的詹婆婆，真是很早就看出張勇的出類拔萃。否則，一個二十一歲的人在她那兒怎麼就有那麼大的信用？

我跟詹婆婆說：「你這八百元，差點兒讓張勇成為簡陽的賭場老闆。」

兩次「流產」的生意

張勇沒能進入博彩行業，要感謝一夥四川騙子。

那時還沒有一百元面額的人民幣，五千元好厚一摞。張勇用一個鋁飯盒把錢密密實實地裝好。那個借給他六百元的同學，為了保護張勇的五千元錢，也為了參與創辦簡陽第一家賭場的偉業，跟著張勇一起坐上了去成都的長途汽車。

車開開停停，一路客上客下。其間，上來一個人。這個人不經意地露出腕上的一塊金錶，引起周圍旅客的驚奇和欣賞。那個年代金錶是很少見的東西。旅客中有人說，他知道這個人來自的那個地區。那裡家家都養了很多牛和羊，很有錢。於是有人問：這塊錶值多少錢？有人說二千，有的說三千。這時這個人開口了：「這塊錶二千四百元買的，我太太在成都住院，我走得急，錢沒帶夠。如果誰能給我一千二，我就把錶賣了。」

於是，很多人開始同這個人討價還價，貌似憨厚的他死活不讓價。

世界上什麼人容易上當？

想佔便宜的人。

世界上什麼人容易虧錢？

想發財又有錢的人。

此時，那輛車上的張勇，這兩樣全佔了！經常讀書看報的張勇知道黃金值錢，他同「風險投資」夥伴討論了一下，那麼大塊金錶如果是真的，價值肯定超過一千二！

「風險投資家」急於想在「領袖」面前證明自己的能力，把金錶要過來看了看，竟然還用牙咬了咬，惹得那個人大怒，一把搶過來，差點兒要打張勇的同學。

「風險投資家」跟張勇說：「這真是真的。」

於是，張勇做了他人生的第一個商業決策，用一千二百元把金錶買了。由於拿錢需要打開飯盒，他們在那麼多乘客面前露了富。把錶拿到手後的張勇，突然感到全車人好像都是強盜，他和同伴不約而同地決定立即下車。可是當汽車絕塵而去的一瞬間，兩人幾乎同時明白了，他們中招兒了！

金錶當然是假的。張勇二人從成都的錶店裡出來，拿著只裝著三千八百元錢的飯盒和一塊假金錶，坐在路邊發呆。怎麼還有臉去見那個認為自己能成大事的福建人？

進軍博彩業的商業計畫就眼巴巴地放棄了。

二十多年後，張勇回憶此事時跟我說：「黃老師，如果我當時真拿三千八百元錢去見福建人，估計他也能把撲克機賣給我。」可是，當時初出茅廬的張勇根本就沒有想過，一台報價六千的機器還能賣三千八！

偷錢給張勇的那位「風險投資家」，表現得非常職業。他對自己硬充黃金專家悔恨不已，並爽快地承擔了自己的責任。他說：「那六百元我不要了。」

但張勇絲毫沒有領情，二十年後，談起那位「風險投資家」的同學，張勇依然耿耿於懷，他說「那個傢伙就好不懂裝懂」。

張勇做大事的夢還沒來得及做，覺就醒了！二十一歲的張勇沮喪到了極點。這是張勇從商的第一課，從此他知道了，別想佔便宜！

回到簡陽，張勇受騙的消息很快在同學中傳開了。同學們聚在一起時，發現這位「領袖」話少了。一次在公園閒逛，他們看到三個中年人用撲克牌在騙人，張勇爆發了，不由分說打了那個為首的人。這就是張勇唯一一次動手打架的經歷。

年輕人最大的本錢就是復原力強。張勇很快忘掉出師不利的沮喪，又開始琢磨其他生意。

二十世紀八〇年代，汽油在中國還是計畫控制的物資，加油必須憑油票，而油票只發給政府和國營企事業單位的司機，私人加油只有通過關係找到公家要油票才可以。

張勇從中看到了商機，他想，如果能從公家司機手中收到油票，再賣給私人司機不就可以賺錢了嗎？

經常曠班的張勇找了一塊紙板，正面寫上「收油」，反面寫上「賣油」，來到了成都至簡陽的公路旁，開始了他的汽油生意。

每當有汽車過來時，他便站起來迎上去舉起「收油」的牌子。可惜在大太陽底下連等了兩天，居然一輛車都沒停下。第二天傍晚，正當他準備收工時，一輛嶄新的解放車出現了。他又一次站起來，把牌子高高舉起。車居然停了下來。張勇滿懷欣喜迎上去，車窗搖下來，是一個同他差不多年齡的司機。呸！他衝張勇臉上吐了一口唾沫，一加油，汽車絕塵而去。張勇擦了擦臉，第三天沒有再來，汽油生意也流產了。

二十年後，張勇談起這段往事時說：「我後來才知道收油是要有關係的。可是當時我完全不懂，站了兩天，吃了一肚子灰，還被人吐了一臉吐沫，感到這個生意難做，就放棄了。之後，我就開始做火鍋，然後就再也沒做其他生意了。」

張勇收油的故事本身並沒讓我感到很驚奇。一個二十一歲、滿腦袋想發財的人，在九〇年代初期的中國，當然什麼都敢試，什麼事也都可能遇到！

可是張勇講述被那個司機吐一臉吐沫時的表情和語氣讓我感到奇怪。他完全像是在敘述別人的故事！他的語調和神態裡沒有屈辱，沒有憤懣，沒有刺激，也沒有我所期望的，這一經歷如何在日後對他起了作用。這件事僅僅是為回答我「除了火鍋，你還做過什麼生意」的問題而被提起。

張勇有點與眾不同，他的屈辱神經好像比較麻木。

愛上當的張勇

經過金錶受騙和倒賣汽油兩次流產的生意，二十二歲的張勇眼光開始低下來。做像詹婆婆家這樣辛苦，但能賺到錢，滿足人們口腹的生意也是值得考慮的。畢竟大雜院裡有兩個廚師，除了詹婆婆的丈夫，張勇爸爸也是拖拉機廠食堂的廚師。耳濡目染，張勇對做飯這個行當並不陌生。

上帝說：每個人的磨難都不會白受。為了找撲克機，張勇沒少在成都轉悠。他發現成都有一種小火鍋很受人歡迎。所謂小火鍋，就是當時成都流行的介乎於麻辣燙和火鍋之間的一種吃法。餐館把麻辣燙一串串串好，顧客自己動手在蜂窩煤上的小火鍋裡，邊煮邊吃。

於是，張勇在簡陽找了一個十幾平方米的街邊店，開始了他第三次創業的嘗試。張勇找到房主一談，人家告訴他租金一百八十元一個月。不貴，張勇一口答應下來。金錶的教訓並沒有讓張勇聰明起來，他依然非常相信別人。從家裡搬來桌子、櫃子和鍋碗瓢盆，小火鍋店開業了。張勇給這個店起了個非常響亮的名字——小辣椒。小辣椒開張第二天，張勇才知道旁邊同樣店的租金是九十元一個月。倒楣！怎麼不事先問一問別人？

張勇的懊悔很短暫，因為小火鍋一開張生意就紅火，旁邊的店紛紛改弦易轍也做起小火鍋，租金半年後都變成一百八十元。

半年後一算賬，靠二毛錢一串的麻辣燙，張勇的小火鍋淨賺了一萬多元錢。照理，賺到錢的張勇應該意氣風發才對。可是剛開了簡陽小火鍋先河，帶旺了整條街的張勇開始心猿意馬。

整條街都是小火鍋，每家店的桌子挨桌子，每天起早貪黑就賺這一萬元？這哪裡是張勇的理想。正當張勇三心二意的時候，一個女孩出現了，她就是張勇現在的太太。

年輕人的初戀都是瘋狂的。小火鍋事業剛剛起步的張勇，成了典型愛美人不愛江山的「敗家子」，他把紅紅火火的小辣椒關了！

半年的戀愛期過去了，張勇也想清楚一件事——像他這樣沒上過大學，沒有背景，還不認命的人，只有一條路可走——別怕辛苦，別怕侍候人，用雙手改變命運！於是，張勇決定重抄舊業再開火鍋店。

可是半年多只出不進的戀愛日子，讓張勇兜裡沒剩幾個錢。然而，張勇是領袖。判斷領袖的唯一標準是看有沒有追隨者。此時，張勇身邊有三個死黨，一個是未來的太太，另外兩個是他技校的同班同學施永宏（海底撈人稱他為施哥）和施永宏的女朋友李海燕。

張勇在技校的所有作業和考試幾乎都是施永宏幫他完成的，不僅如此，在張勇開小辣椒的半年裡，施永宏是除了張勇爸媽之外的第三個義工。施永宏每天晚上下班後，直接到小辣椒上班；什麼時候打烊了，他才什麼時候回家。有一次因為睡眠不足，在回家路上他竟然被汽車撞斷了腿。然而，腿好後，他又義無反顧地到小辣椒當「義工」。

我問施永宏：「為什麼？」

長相極為慈祥，不用化妝就像佛的施永宏，憨厚地笑著說：「不為什麼。九〇年代初，縣城沒什麼好玩的地方。他開的小辣椒就像個據點，很多同學晚上都去那裡耍。同學去得太多，影響生意了，張勇就把他們攆跑了。我為了留下就只有幫著幹點活兒！」

決定重操舊業的張勇跟三個死黨說：「把錢都拿出來吧，我們這次開一家正規的火鍋店。」張勇一分錢沒拿，其他三個人湊了八千元，四個人各佔這家火鍋店四分之一的股份，這個店就是海底撈。

海底撈第一家店選在哪兒？簡陽縣城可供選擇、租金又合適的地點不多。開飯店一般都選臨街的店，這四個只有八千元現金的人，為了讓店面大一些，又開了簡陽的先河，把火鍋店選在二層樓上。

所謂大，也就是四張桌子。儘管是四張桌子，也是正規的火鍋店。張勇是個追求完美的人，他要訂製四張正規的火鍋桌子。那個年代所謂的正規，無非是把桌子中間挖個窟窿，把火鍋陷下去，底下用天然氣爐讓火鍋沸騰。然而，就是這樣的火鍋桌子在當時的簡陽也找不到。張勇找到一個木匠店，把自己的想法告訴了老闆。

由於是特製，價錢自然貴「一點」，老闆最後收了張勇每張四百四十元。於是，這四張桌子成了海底撈第一筆最大數額的固定資產支出。事後，張勇發現他又被人「宰」了。每張桌子人家多收了他三百元。

從金錶被騙一千兩百元，小辣椒租金比別人貴一倍，到現在每張桌子又多付三百元，可見張勇不是個精明的商人，甚至不是一個精明的人。張勇的性格中有對人不設防的軟肋，所以才屢教不改！

世界就是如此奇怪，任何事情都好壞參半，沒有絕對的壞事！《菜根譚》中說：「信人者，人未必盡誠，己則獨誠矣；疑人者，人未必皆詐，己則先詐矣。」說的是，相信別人的人，儘管不見得人人都值得信任，但自己先誠實了；懷疑別人的人，儘管不見得人人都值得懷疑，但自己先狡詐了。誰不喜歡跟誠實的人打交道？

天下沒有兩個完全一樣的人，也沒有兩個完全一樣的企業。張勇過於相信人的性格，不可能不延續到他對海底撈的管理上，他對海底撈員工和幹部的信任也是天下無雙！這就是海底撈服務員有給客人送菜、打折和免單權的源頭。

其實，每個人都是一半天使、一半惡魔。如果天使敲我們的門，我們會把門關上嗎?!張勇這種相信人的性格一定使他遇到的天使遠多過惡魔！

士為知己者死。人被信任了，責任心就像吃了激素的雞——瘋長！這是至今讓同行們始終不解的「海底撈員工怎麼個個像被洗了腦」似的最簡單的原因。

然而，恰恰是這點，同行最難學。因為他們老闆的身上恰恰缺少像張勇這樣「輕信」人的

DNA。

海底撈儘管是四個股東的，但在相當長的時間裡，海底撈的管理比家族企業還家族。海底撈頭兩年沒有賬，大總管施永宏既管收錢又管採購。每個月結一次賬，是虧還是賺全憑施永宏的良心。

我問張勇：「為什麼不記賬？」

張勇說：「就那麼點錢，沒想到要記帳，我和施永宏是從來不設防的。做小辣椒時，不給錢施永宏都來幹活兒，他怎麼可能偷錢？我們兩個人幾乎整天在店裡，吃的、喝的，包括我和施永宏的煙錢都從一個口袋出。」

信任可以節省很多管理成本，家族企業的管理效率無疑是最高的。施永宏有時早上兩點鐘就起床，跟蹤供應鴨血的小販，看看他們進的貨是否新鮮；為檢驗供應商說的是否真實，他會把手伸到鴨肚子，去試試鴨的體溫。

「菩薩」施永宏

人自戀的背後是自大和自信。其實，自大與自信之間沒有一條涇渭分明的線。成功的人，尤其是少年得志的人，身上總會透著一股讓人不太舒服的自大。可能正是這種自大才使得他們敢於與眾不同；也正是由於與眾不同，他們才有可能成功。

海底撈的成功過程，不斷強化了張勇骨子裡的自大。因此，他逐漸感到同他一起創辦海底撈的三個股東，越來越不符合他做企業的要求。張勇是個極不講情面的人，他讓他們一一下崗了。

張勇除了很早就讓自己的太太回家了，二○○四年讓施永宏的太太李海燕也回家了。二○○七年，在海底撈的生意正快速起飛的時候，張勇竟讓跟自己平起平坐的股東、最忠誠的死黨、二十多年的朋友施永宏也下崗了。要知道施永宏夫婦也是海底撈五○％的股東！

更讓人匪夷所思的是，張勇不僅讓施永宏下了崗，而且還以原始出資額的價錢從施永宏夫婦手中買回十八％的股份，二○○七年，張勇夫婦成了海底撈六十八％絕對控股的股東。

為什麼？表面的原因是海底撈準備上市時，財務顧問給他們的建議是，公司有絕對控股股東有利於上市。其實，公司內外，包括張勇和施永宏自己都明白，張勇認為施永宏的管理能力已不適應海底撈的發展。

施永宏怎麼就同意了？他為什麼同意張勇這種「強盜似的豪奪」？其實，不論從股權投入上，還是從時間和精力的付出上，海底撈都是張勇夫婦和施永宏夫婦共同的孩子。

我問張勇：「你付錢給施永宏了嗎？」

「只是象徵性地付了。」張勇說。

「那他為什麼就同意了？」我又問。

「沒有為什麼。我說了，他就同意了。」

我始終不信。我見到施永宏第一句話就問：「海底撈現在這麼賺錢，十八％的股份可不是一個小數，你就這麼賣給了張勇？」

施永宏說：「對。」

「股份要去了還不說，他還讓你這麼年輕就下了崗，你舒服嗎？」我又問。

施永宏說：「不舒服。」

「那為什麼同意呢？」我接著問。

「不同意能怎麼辦，一直是他說了算。」施永宏沉思了一會兒，有些無奈，但很平和地笑著說。這更惹得我仔細端詳他，他真像一尊佛。

「後來我想通了，股份雖然少了，賺錢卻多了，同時也清閒了。還有他是大股東，對公司就會更操心，公司會發展得更好。」他又補充了一句。

我問他：「三十二％的股份每年會分很多錢。你這麼年輕，不會不做事吧，以後做生意還找不找張勇合夥？」

施永宏堅定地說：「不找。」

顯然，施永宏還沒有完全成佛。

現在施永宏只是作為海底撈的股東參加股東會。但是海底撈一旦有什麼事，只要海底撈需要，施永宏還會一如既往地像當年一樣把手伸進鴨膛裡。

海底撈這場匪夷所思的股權轉讓只能發生在張勇和施永宏之間。心理學解釋，人與人的關係是互動的。在長期相處中，人都無意識地按照對自己比較重要的人的期望而變化；於是，每個人都逐漸成為別人所想像的人。

縱觀張勇同施永宏的關係，一開始就是張勇為主，施永宏為輔；於是，大事難事總是張勇拿主意；再於是，張勇就真的變成領袖了。張勇認為施永宏是執行者，施永宏就越來越成為執行者，最後，以至於連個人的股份也都由張勇說了算。

海底撈創辦時，四個股東每人二十五％，或者說張勇夫婦和施永宏夫婦各佔五〇％；但實際上，絕對控股權一直在張勇手裡。

什麼是絕對控股權？就是對公司的經營管理說一不二的發言權。從海底撈創辦到現在，幾乎所有大事都是張勇拿的主意。十幾年之後，越來越自信，也越來越自大的張勇說：「事後證明我都是對的！」

由此可見，海底撈實際上從一開始就是一個有大股東的公司。除了分紅，施永宏在公司發言權上一直就是小股東的地位。只不過這次通過股權重新分配，在法律上確定了張勇的大股東和施永宏小股東的地位。

張勇的自大還沒發展到盲目。我同施永宏單獨聊完天後，他急不可待地問我：「施永宏是不是很恨我？」

我說：「愛恨交加。」

施永宏對張勇的恨是合理的，因為張勇，這個他最看重的人，他一生中最重要的朋友，把他看輕了！

我不清楚張勇能不能認識到這位死黨的真正作用？其實就像沒有張勇就沒有海底撈一樣，沒有施永宏也就沒有張勇！時勢造英雄，施永宏就是張勇的時勢之一。然而，領袖畢竟也是人；人一旦成為領袖，都會無意識地誇大自己的偉大。

張勇對待施永宏的做法，讓人不能不想到卸磨殺驢，而且殺得毫不留情！作為朋友，張勇顯然不厚道；然而，作為公司的創始人，張勇無疑是優秀的。因為海底撈要想成為一個現代化的企業，就必須解決家族企業創業者天花板的問題。否則，職業經理人不可能在海底撈大有作為！張勇的兩個弟弟也都曾在海底撈幹過，但最終也因不符合張勇的標準，從海底撈走了。

我同海底撈其他高管交流時，問過他們一個同樣的問題：「施哥走了，可不可惜？」他們給我的答覆好像都被洗了腦似的一致：「我們喜歡同施哥在一起玩，喜歡同張勇在一起幹事。出去玩時，張勇的車裡總是空的，而施哥的車裡滿滿的。」

我問：「為什麼？」

他們說：「施哥人很好，總也不發脾氣，但有時沒主意。跟張勇在一起很緊張，他對人很嚴，什麼事情一旦不對，說翻臉就翻臉，不分場合地大發雷霆，一點不給人留情面！」

真是：「慈不帶兵，善不理財。」面相有時還真能說明問題！由此可見，張勇對這位「菩薩」夥伴的處理不合情，但合理。忠孝忠義不能兩全，要成大事必須心狠手辣。

我讓張勇帶我到海底撈第一家店的舊址看看。現在這個地方已經破落了，沿著二層的露天走廊開著十幾家各種各樣生意冷清的小店，有的乾脆關了門。

張勇指著這十幾家小店說：「當時這些店面大部分都是我們海底撈的。海底撈火鍋店一開業，同小辣椒的麻辣燙一樣，很快就引來一群效仿者，最多時這個二層樓有七八家火鍋店。但不久那些效仿者就做不下去了，於是，我們就把它們兼併了。不到兩年，整個二樓的火鍋店都是我們海底撈的了。你看，這些牆邊上的瓷磚都是一段一段貼上的，這是因為我們收了那家店，才貼那段牆的原因。剛開始的瓷磚都是我和施永宏貼上的。」

真是！整個二樓牆面上的瓷磚貼得像斑馬似的。

這座舊樓坐落在簡陽縣的四知街。為什麼叫四知街？據說簡陽曾有過一位縣太爺，他是一位清官。一天一位求他辦事的人，在這條街上的茶館跟他談事。其間，那個人把一包錢偷偷塞給他，縣太爺拒絕了。

那個人說：「你為什麼不要？這個事情誰也不知道！」

縣太爺說：「怎麼沒人知道？天知，地知，你知，我知。」於是，這條街從此就叫四知街。

看來，張勇和施永宏之間的事也只有天知地知，他倆知了！

海底撈的DNA

四知街，這個名字真好！第一家海底撈選址在此也真巧。張勇說：「海底撈做這麼多年，其實就是秉承這個四知原則，做事憑良心！不論是對員工，還是對顧客。」

在四知街這座破舊的二樓上，我幾乎找到了海底撈一切成功的DNA。

海底撈一開始起步就處在白熱化的競爭中，而競爭是最好的老師。火鍋在飲食業最沒有技術含量，因為不依賴大廚，也不需要什麼名貴材料。所以在喜歡吃火鍋的四川簡陽，張勇每一次形式上的創新，比如讓客人用小火鍋自己煮麻辣燙和把火鍋店開在二樓，馬上就會引來一大批效仿者。競爭是赤裸裸的短兵相接——集中在一條街、一個樓面，毫無掩飾地百分之百地模仿！

張勇在火鍋口味上可沒少下過工夫，他媽媽說：「他看過各種各樣火鍋的書，研究過各種各樣的火鍋底料，炒料炒得右胳膊明顯比左胳膊粗。為了讓火鍋湯的味道獨到，他每天都要從詹婆婆煮鵝的鍋裡，舀鵝湯兌火鍋湯。」

然而，只有口味好，不能使海底撈從眾多競爭者中勝出！尤其是四川火鍋的麻辣，吃到最後食客的味蕾都麻了。

為了採購最新鮮的原材料，施永宏不惜把手伸進鴨肚子；為了改善用餐環境，他們在簡陋的牆壁上貼瓷磚，在火鍋桌面上貼櫥櫃面板；為了讓服務員形象好，他們照著空姐的服裝式樣給服務員訂制工服……這些做法，在當時簡陽的火鍋業都是創舉。

然而，只有口味、硬體和衛生方面的改進，不能讓海底撈戰勝對手！

降價呢？一個沒有任何技術含量的火鍋，在一千多平方米的樓面擠了七八家競爭者，價錢早就低得沒有任何空間了。

於是，華山只有一條路——用超出對手的服務，用超出一般人想像的服務感動客人，吸引客人。

這招兒靈了。海底撈終於拉開了與對手的距離。

簡陽人好面子，朋友開餐館不去捧場不好意思。海底撈同對手競爭得最激烈的時候，有的顧客本來跟隔壁的火鍋店老闆是朋友，可是他們卻成了張勇「變態」服務的俘虜，來吃火鍋時往往趁隔壁朋友不注意，偷偷溜進張勇的店裡；還得故意找個背對門口的座位，因為怕朋友從門口過看到。

當這些競爭對手的朋友都成為張勇的顧客時，他們就只得投降了。當同一個樓裡的競爭對手都把店賣給海底撈時，全縣聞名的四知街火鍋城，變成了海底撈獨家火鍋城。

於是，對客人的「變態」服務成了海底撈的名片，服務成了海底撈的定海神針。海底撈服務差異化的戰略，在四知街火鍋城的廝殺中形成了雛形。

任何有效的戰略都不是想出來的，而是摸索著做出來的。二十四歲開始辦海底撈的張勇，事先一定不知道這個服務差異化的戰略。但張勇知道對客人好，人家就願意來。簡陽縣吃火鍋的客人無數，但海底撈這四張桌子的客人必須一個一個爭取。

客人千人千面，怎麼爭取？下雨天，一個老顧客從鄉下回來鞋髒了，張勇讓夥計把他的鞋給擦了；一個客人昨天喝酒胃不好，張勇就給人熬一鍋小米粥；一個顧客誇海底撈的辣椒醬好吃，他就給人家送幾罐。

這是殷勤嗎？當然是。

但，人就是這樣一種奇怪的動物，同一個行為會有高低之分。無意識的殷勤和有意識的殷勤，正常人是能夠體會出差別的。無意識的殷勤，人們會感受到好意；有意識的殷勤，人們會感到功利。任何東西一涉及到功利，就失去了感動。

自大的張勇對待客人，表現出超過常人的殷勤和謙卑。這是出於他的職業思考——餐飲是服務業，服務業就是侍候人的，侍候人就要把人侍候好？還是由於他的屈辱神經比一般人麻木，以至於在路邊收油時，被人吐一臉吐沫都沒有太難受的感覺，因此，對客人過分殷勤也就不會感到卑微？

這兩種原因可能都有，但我猜測張勇性格中的屈辱感比較麻木的成分可能更大！因為前一種原因是出於理性的思考，從事這個行業的人都知道，所以服務業都教育員工：顧客是上帝。可惜，後天教育出來的東西總不是那麼自然。而性格裡的東西則是自然流露——顧客本來就是上帝，上帝錯了也是對的，這是不用教育的！

於是，張勇的殷勤被客人解讀為真誠；再於是，競爭對手的朋友就變成了他的顧客；最後，客人是一桌一桌抓的打法也就形成了。

「暴君」張勇

如果對張勇進行三百六十度評估，我相信不論是他本人，還是員工或朋友，對他的評價中都應該有一條，即本性善良；但同時也會有另外兩條，那就是不講情面和脾氣暴躁。

張勇的不講情面，在他對施永宏的處理上表現得淋漓盡致。人需要被提醒，勝於被教育。如果張勇對一起打江山的死黨尚且如此「斬盡殺絕」，那麼所有人就會明白，情面在海底撈不值錢，值錢的只是能力，這就是張勇的原則。張勇是為海底撈而生，海底撈是張勇最重要的兒子；為了這個兒子，他絕對六親不認！

這個原則同張勇身上的善良似乎是矛盾的，我為此曾琢磨半天。是哲學家的一句話給了我解釋：「人本來就是矛盾體。」是啊，想想看，誰不是矛盾的？

給這樣的老闆打工，人自然會如履薄冰。然而，讓海底撈幹部更緊張的是，張勇這位「神」的脾氣就像三歲小孩的臉，說變就變。他看到不順眼的地方，說翻臉就翻臉，毫不顧忌場合和對象。

一次他同員工一起吃飯，看到一個普通員工吃飯時，把飯掉在桌子上沒有撿起來，就坐過去把掉在桌子上的飯撿起來吃了，然後把員工還沒吃完的盤子一把端走了。

一次，他同高管一起去四川的一個高原旅遊。大家邊走邊唱輕鬆的時候，楊小麗隨手摘了路邊的一束野花。結果，張勇一下子變臉了，高聲責備楊小麗：這麼寒冷，海拔這樣高的地方，長一束花容易嗎？你怎麼可以隨手就毀掉一個生命？你的素質這麼低！

要知道楊小麗畢竟是農村長大的，她的環保意識和習慣不可能一下子拔到這樣的高度。張勇太熟悉他這位下屬了，怎麼可能不知道這點。然而，張勇在整個旅途中竟然喋喋不休，當著所有幹部的面，把這位海底撈的唯一副總經理「罵」哭了。

大家哪還有心情玩？整個旅遊的氣氛毀了。休息時，看著楊小麗一個人坐在石頭上默默不語，張勇才感到過分，走過去說了一句：「怎麼，還想不開？想不開，就從這裡跳下去吧？」

小麗又撲哧一聲被他氣笑了。

張勇這位「暴君」，顯然還沒到狂妄的地步。

什麼是狂妄？就是把人傷了，也認為無所謂。目前的張勇還是知道給人道歉的，只不過他的道歉方法不直接。

作為海底撈的唯一副總經理，楊小麗被他「罵」的機會顯然最多，當張勇發現他「罵」錯了，或者過了的時候，有時會讓下屬給楊小麗送一箱她愛吃的冰淇淋；或者安排同楊小麗要好的女同事當晚同她一起睡，做做疏導工作。

然而，男下屬就沒有這樣幸運。

最近幾年海底撈的店越開越多，每個管理人員的能力都在不斷經受考驗，加之制度和流程也在不斷制定和完善，所以張勇在巡視時，經常會發現一些不如意的地方。於是，他的脾氣就會經常肆無忌憚地爆發。此時，責任人就會受到巨大的壓力和委屈。

在訪談過程中，很多管理層清楚地對我表示，他們對張勇這個脾氣儘管無可奈何，但也很不滿意。很多中層幹部，對張勇不分青紅皂白地當他們的面批評自己的頂頭上司，感到非常不解和冤枉。他們說：「連我們都知道不要當著員工的面批評幹部！」

一個幹部同我說：「我們的工作是一條連續性的線，他偶爾過來看一下，只是看到一個點；而這個點可能不盡如人意，但一定是有前因的；當事人也不是不知道，而且，未來也是能解決的。結果，他劈頭蓋臉就開罵，我們自然很難受。更關鍵的是他的這種作風，也會引起下屬效仿，現在海底撈很多幹部都習慣用這種方法同下級溝通，而且還感到很威風，很有效，結果，下屬卻感到很委屈！」

「你們這麼害怕張勇，那能不能跟他反映真實情況？」我問。

一個幹部說：「有時會，有時不會；反正覺得他對一線的情況不太了解，說得越多，挨批得越多。」

「那你們會不會把張勇說的東西變成最高指示？」我又問。

「一般都是最高指示。」一個小區經理說。

「哪怕是錯的？」我問。

「對，執行一段時間後，發現真不行，再跟他反映。好在他懂行，還能聽進別人的話，知道不行，就改回來。」小區經理說。

海底撈二〇一〇年在北京推出火鍋外賣的生意，負責這個新業務的經理就是曾做過海底撈最年輕的店經理的林憶，林憶的頂頭上司是北京大區經理袁華強。

林憶說：「有一天我下午休息，帶一個後備店長去逛街。那個女孩前一段生病，我想帶她溜達溜達。我們正在商場裡要買一雙鞋，袁華強就來電話問外賣部的送餐準確率是多少？因為外賣部剛開始營業，業務很不穩定，客人的滿意情況每天的變化也比較大，我們還沒來得及統計平均的準確率。但我知道今天賣了多少桌，昨天賣了多少桌，每天有幾桌客人不滿意。我就跟他說，我沒有算過百分比，但有多少客人不滿意，我是清楚的。袁華強說，你為什麼不算？你幹什麼了？張總剛剛說了，必須用百分比來表示。你怎麼不執行？

「那天下午，袁華強連給我打了五個電話，要求我去算這個百分比，算完後，已經晚上九點，我們在商場什麼都沒買就出來了。這種做法讓我特別壓抑。到後來，他的電話我都不想接了。

「我知道袁總特別敬畏張勇，不僅對他言聽計從，更受他的管理方式所影響，其實袁總同張總不是一樣的人。可是他為什麼這麼做？因為張總也這樣訓他。」

海底撈的幹部有一句話：「我們的優點是願意挨罵，缺點是不會辯解。」

「用雙手改變命運」是海底撈對外公開宣傳的企業文化。其實，海底撈還有一個沒有被宣傳，但已形成的企業文化，那就是「罵你，說明重視你；罵你，你才能進步」。

善有善報

我的一個學生用記者的思維方式，在課堂上向張勇提了一個問題。他說：「張總，你認為你成功的最主要原因是什麼？」

張勇撓了撓頭，有些為難了。因為任何企業的成功都不可能只有一個原因，而是一堆原因。不過，張勇想了想，還是勉強回答了這個問題。他說：「可能我這個人比較善吧。」

我看了那學生一眼，他的臉上有些茫然。顯然，張勇這個回答沒能讓他滿意。

然而，心理學揭示：人在情急之下，對未曾仔細思考過的問題的反應，往往直接反映了人們的潛意識。張勇骨子裡的確有與一般人不太一樣的「與人為善」。

張勇在技校讀書時，有兩個同班死黨，一個是前面提到的，海底撈二股東施永宏，另一個是楊濱。死黨到什麼程度？張勇開麻辣燙時，三人有時晚上睡一張單人的鋼絲床。楊濱目前還在海底撈打工，不過楊濱這份工對海底撈來說則非同小可，他幹的是海底撈的採購大主管。每年經他手採購的有上千噸的牛羊肉，上萬噸的副食品和蔬菜。

我問這位臉上曾被燒傷過的海底撈採購大主管：「我知道餐館的採購是很難控制的，你對你手下這二十多名採購人員的誠信有多大把握？」

楊濱說：「我有百分之百的把握。」

我問：「你為什麼這樣自信？一般餐館老闆都不放心讓外人去採購，你是怎麼做到有如此把握的？」

楊濱說：「我以前是做調料生意的，是專門向餐館，包括海底撈賣調料的供應商。後來加入海底撈，又做了十年採購。因此我知道：海底撈目前的採購流程和監察制度已相當科學和完善；另外，我們的採購人員都是從服務員和洗碗工中選拔出來的，經過長期培養，忠誠度經得起考驗；不僅如此，這些從農村出來的員工本來期望也不高，他們現在的收入都同店長差不多。」

我又問：「是張勇看中了你這個死黨的忠誠和做過供應商的經歷，才把你請來管採購的吧？」

楊濱說：「不是，是我自己要求加入海底撈，幫他管採購的。海底撈是一九九四年開辦的，我那年正好臉燒傷了。兩年後，傷好了，就在簡陽的一個鎮上和我太太做起調料生意，主要就是向餐廳供應辣椒醬和胡椒粉等調味品。做了一段時間，張勇看我的生意不好，就在縣城裡比較好的地段幫我租了一個商鋪，並給我交了一年的租金，讓我到縣城裡做這個生意。於是，我也開始向海底撈供貨，可是做著做著，我感覺不對了，我給海底撈送的貨，他們都不跟我討價還價，我說多少錢就是多少錢！

「做了快兩年，我越做越不舒服，就跟張勇說：算了，海底撈規模也大了，我到海底撈幫你管進貨吧！張勇同意了。他說：你來了，我肯定會省很多錢！

「於是，我就讓我太太一個人打理調料生意，自己到海底撈來打工了。」

我問：「那你太太還向海底撈供貨嗎？」

「當然不做了。就是因為不想跟海底撈做生意了，我才來海底撈打工的。」

我又問：「那張勇給你多少錢？」

楊濱說：「當時的採購都拿六百元工資，我當然也拿六百元了。我去的第一個月，就給海底撈省了一萬二千元。張勇非常高興，給我打BP機，說我們一年就可以省十幾萬元，看來以前的採購沒怎麼管！」

我說：「你是怎麼省的？」

楊濱說：「我剛來海底撈，最主要是跟蹤採購。採購上市場我也跟著上市場，在供應商選擇上作調整。比如，當時我們採購一個品牌的牛油，採購人員沒有想到找總代理或總經銷去買。我剛開始去也不知道，跟著他們買。後來發現不對呀，所有經銷商都賣這個品牌，肯定應該有一個代理商，或者有一個總批發的。於是，我就費勁找了一下。終於，找到總批發那家。他說，你們買的那家都在我這兒買。牛油是按件數買，如果我們直接從總批發買，一件就省八塊錢。當時我很生氣，把那個採購狠狠地批了一頓：你買了一兩年，總批發就在不到一百米的地方，你都沒有找到。一件高幾塊錢，一年下來多少錢！

「還有我們當時用的一種雞精，一個月用量在一百五十件左右。正品的價格一百十九元左右一件，假貨七十元左右一件。採購員對業務不熟悉，這個產品又沒法鑒別，因此，分不清真假貨。在一家供應商那兒，我們按正貨價買了兩年的假貨。我曾經做過雞精生意，一看就覺得他們賣給我們的是假的。於是，我找了那家經銷商說，你這個貨是假貨。他們做錯事心虛，就把錢給我們退回來了。從此之後，為了保證雞精的品質，海底撈用的雞精都是自己生產的。」

我問：「現在海底撈的採購流程和檢查制度，是不是都是你來了之後，逐漸積累起來的？」

楊濱說：「不光是我，但我起了很大作用。因為，我曾經是供應商，自然對賣方的情況比較了解；加之張勇對我有恩，我把海底撈的事，看得比自己的事還重。二〇〇二年，海底撈當時並沒有很多錢，張勇看我在縣城沒房子住，沒有跟我說，就給我在縣城買了房子。」

「黃老師，你理不理解，當別人有恩於你時，會是一個很沉重的負擔？」楊濱突然轉了話題。

「對不起，我不理解。」我老實回答。

楊濱說：「有一件事張勇現在也不知道，海底撈也沒有人知道。我剛來海底撈出去採購時，一次中午吃飯，我們的車門被小偷撬了，丟了一袋胡椒，價值是一千五百元錢。怎麼辦？我是負責採購的，我就把這個錢給貼上了，那是我當時兩個半月的工資。回家也沒跟家人說。我始終覺得張勇對我好，我就要對他更好。那時候我要算一筆賬：我每天的工資是二十元錢，我今天創造的價值超過二十元，我就高興，超過越多，就越高興。」

「怎麼叫超過？」我有些不解地問。

楊濱說：「比如鰻魚市場價是九元一斤，如果我能用八點五元買回同等品質的鰻魚，每斤就創造五角錢的價值。二〇〇二年，採購部人手不夠，我整整一年，包括週六周日，沒有休一天假。每天早上四點鐘起床開始幹活兒，因為做採購的一定要起早，一直幹到晚上七八點鐘，才開始做賬；每天只休息四五個小時。當然這種幹法，人是要得病的。這是我出了問題之後才知道的。我二〇〇四年和二〇〇七年兩次得了抑鬱症，總想跳樓。我也曾跟張勇提出辭職，可是他一個電話又把我留下來了。」

「他是怎麼說的？」我問。

「他說了兩個意思：第一，你說走就走，太不負責任了；你走了，採購誰來管？你為什麼不幫我？第二，如果你覺得是因為同學這層關係才讓你做採購，因此你感到不舒服，那麼你在公司給我找出一個人來，你認為他能夠擔當起你的職務，你就可以走了。」楊濱說。

我問：「你為什麼要辭職？」

楊濱說：「不僅是因為累，而是同張勇這種關係，讓我越來越感到不舒服。」

「為什麼不舒服？當初你不是主動要幫張勇的嗎？」我問。

「是呀，但是隨著公司越來越大，他的名聲越來越響，我同張勇的關係也越來越疏遠。倒不是他有意這樣做，而是我有意這樣做，現在能迴避同他見面，我一定會盡量迴避。因為我不想讓別人形成我是張勇的同學在這裡混飯吃的看法。另外，張勇這個人做事要求很嚴，很難得到他認可；他脾氣又急，批評起人來根本不顧及場合。別的下屬受他那種批評都很難接受，我就更難了。」

「你同張勇現在還能不能像以前那樣，私下喝一杯，聊聊閒天？」我問。

「不能，完全不能了。連過年也都不拜年了，我只能收到他給全體幹部群發的拜年短信。」楊濱一邊說，一邊若有所思。

「你從什麼時候開始從心裡感到同張勇遠了？」我又問。

楊濱說：「其實是個逐漸的過程，我記得我曾跟張勇說，我感謝他給我的機會。結果張勇說，你不應該感謝我，要感謝就感謝海底撈。好像是從那時起，我確信他已經變成另一個人了。可是我儘管知道同張勇的關係已變成老闆和雇員的關係，卻仍覺得還欠著他，這就是經常讓我糾結的地方。」

我明白了，「滴水之恩，當湧泉相報」是一種好的品德，但在經濟交換上其實是不公平的，因為用一滴水就能換來源源不斷的泉水。

然而，我感到讓楊濱糾結的原因可能遠比經濟交換要複雜。在海底撈其他員工眼裡，張勇就是一個神；在楊濱眼裡，張勇還是一個人。只不過張勇是一個變了的人，變得讓楊濱陌生和不太喜歡；十年前他加入海底撈，是為了向那個他喜歡，而且對他有恩的張勇報恩；那時，他同張勇的地位是平等的；你幫我，我更幫你！可是，現在他又為了什麼？他同張勇的地位不平等了，他繼續拼死拼活地幹，難道僅僅是因為海底撈的高薪嗎？

我們經常聽有人說：「那小子當了官，就真覺得自己了不起了！那傢伙發達了，就開始在我面前端架子！」

是張勇故意在舊日的死黨面前端架子嗎？

我相信不是。古人有句話叫「時位移人」，說的是，人會隨著時間和地位的變化而變化。

因此，張勇不變，才不是人了。

第六章

海底撈你學不會！

韓國人眼中的海底撈

中國還沒有一家餐館像海底撈這樣，還沒在國外開店，名聲就傳出去了。

下面是三個聽我課的韓國留學生，寫給我的學習海底撈的心得。李垠周寫道：

「我父母和哥哥也是經營餐廳的。我家經營餐廳已經六十多年了，是從我爺爺和奶奶那輩兒開始的。因為我未來也要在我家的餐館裡工作，所以對餐館的服務非常關心。我在韓國的時候就聽朋友講過『海底撈』火鍋店的服務名氣。因為韓國的餐廳服務態度已經比較好了，所以我就想『海底撈』的服務到底怎麼個好法，為什麼大家都說非常好？我來中國後，跟同學們一起去『海底撈』吃火鍋。一進門，我就非常驚訝。我有點不相信，在中國有這種餐廳嗎？是不是我看錯了？因為我是一九九八年第一次來中國，之後在中國待了五年，從來沒見到這樣的服務。以前，我對中國最不滿意的就是服務態度和服務水準。然而，在海底撈我真正體會到了它名不虛傳的服務。我覺得海底撈除了服務態度有特色以外，菜也比較新鮮，味道也可以。雖然價格比其他的火鍋餐廳貴點，但作為一個消費者受到那麼周到的待遇，我還是能接受它的價錢的。

「老實說，這家餐廳如果是在韓國，就不會這樣突出。但這是在中國，所以海底撈的服務就非常有獨特性。我認為中國在二〇〇八年舉辦奧運會後，很多方面都變化很大。尤其是服務方面越來越好。希望中國所有方面的服務水準，都能盡快地變得更完善、更完美。」

李蕙旻寫道：「好像很多外國人來中國後的第一個印象就是服務品質太差。上菜時滿臉都是不高興的樣子，結帳後找零錢時，往往會把錢往桌子上一扔。中國人的服務態度總讓我感覺不舒服。不過，現在比以前好多了，但服務水準還是比較低。讓我改變對中國服務的印象的就是海底撈。它的服務員連非常細微的部分也照顧到了，這真讓人舒服。我認為這是我在中國受到最好服務的餐館，儘管與韓國的服務品質比起來也沒有什麼差別。我一直在想海底撈服務這麼好的理由是什麼？終於，我在黃鐵鷹老師的課上找到了答案。黃老師讓我明白了，服務員幸福才能讓客人幸福！公平公正地對待員工、提供好的住宿條件、給員工公平的晉升機會等，都會讓員工的幸福指數提高。張勇董事長能真心對待自己的職員，這應該是他從以前賣麻辣燙的經歷中得出來的經驗吧。我認為這種人力資源管理，韓國也是要學的。」

金修珍寫道：「海底撈是讓我特別感興趣的案例。我也特意訪問過海底撈，去感受它真正熱情和誠實的服務。我還觀察和領會到，權力下放後的服務的快速性和顧客的滿足感。比如，服務生以自己的名義送給我價格八元的點心，理由非常簡單，因為我教了他幾句韓語。我在海底撈總的感受是，吃得舒服，心情很愉快。

「但我也有一些疑惑。現在全世界基本都不贊同家族式經營模式，提倡現代管理模式。但聽說海底撈的很多職員都是鄉親父老，在這種圈子文化裡要把人的公平感保持住，我認為很難。還有，現在海底撈的服務在中國可以說是很好的，但聽說他們準備把事業擴展到海外，進軍韓國等。可是，在國外服務品質很高的地方，海底撈還能有優勢嗎？」

我把這三個韓國學生對海底撈的看法錄入此書，目的也是給張勇和海底撈提個醒，因為聽說海底撈也有進軍海外的計畫。

會計師行向海底撈學習

我在講授海底撈案例時，碰到最多的問題是：海底撈的員工都很簡單，所以它的管理方法只適合低文化素質員工的行業。況琳是我的學生，她目前在國際四大會計師事務所某公司任中層主管。她學了海底撈案例後，給我寫下了如下心得：

在講授海底撈時，黃老師扔出了一個對於我來說無異於是炸彈的理論：管理是學不到的，不可複製的！於是我疑惑了：如果是這樣，上MBA案例研討課還有什麼用呢？聽完了海底撈的案例後，我明白了，黃老師說的管理學不到，是指不能照搬，因為每個企業所處的行業、員工和文化等等，各方面情況都不一樣，每一個細微的差別，都可能導致一個成功的管理模式失效。但不能照搬，不等於不能借鑒。海底撈的案例就讓我感到恍然大悟，它對我解決當前在日常管理工作中的一些百思不得其解的難題和疑慮，非常有幫助。

我現在國際四大會計師事務所之一任職，事務所在全國有超過七千多員工，北京辦公室有二千多人，我擔任一個約一百來人的部門主管。在二〇〇九年的金融危機中，我們的業務遭到了重創。為了削減開支，公司出臺了包括年底不加薪、強制休低薪假期等一系列措施，這些措施大大削減了員工的工作積極性。再加上一系列的高層人事變動以及不同領導的風格轉變，導致員工的士氣大大受損。公司也注意到了這點，開始有一些挽回措施，例如開設一些員工意見回饋通道，組織集體活動等。但這些活動收效甚微，大批的優秀員工近期不斷離職。作為中層的管理者，我既對高管的管理措施不滿，又著急找不到解決方案。在讀過了海底撈的案例之後，我對公司當前的現狀和一系列管理措施失效的原因有了一些新的理解。其中讓我感慨最深的幾點包括：

1. 對管理者的最基本也是最重要的要求——理解員工。

張勇之所以在激勵員工方面取得了別人所達不到的成績，是因為他們對自己企業員工的心理和訴求都格外理解。只有理解了員工在想什麼，才能有的放矢地採取最佳的激勵員工的方式。我們公司現在的主要高級管理人員都來自香港，全國的人事政策制定權也被牢牢掌握在香港總部。中國地域廣闊，僅北京、上海和深圳三地的文化就有巨大差異，與香港更有著天壤之別。管理層用香港文化來揣測內地員工的想法，把他們在香港分所用了幾十年的成功管理模式作為先進經驗借鑒到大陸，自然會水土不服。其結果是，公司用於員工激勵的資金被白白浪費在對員工不起作用的「雞肋」項目上，員工仍然感到不受重視，得不到激勵。

2. 監督不是管理。員工最值錢的是大腦，雇用員工的雙手是最笨的。

海底撈員工的士氣高漲，同公司對他們的信任是分不開的，比如海底撈一線服務員有給客人送菜、打折的授權。可是在我們事務所，管理層為了保證業務品質、降低成本，加大了對員工的監督力度，例如嚴格了考勤、請假制度等。員工開始有不被信任和被監視的感覺。事務所的員工大多是來自於名牌大學的尖子生，當這些聰明人對公司和管理層有了抵觸情緒的時候，有兩個直接結果：（1）他們自然能找到令監督措施失效的方法；（2）他們對公司產生不信任感，為了拿到這份工資，他們會按要求去工作，但絕不會為了幹得更好而付出額外的思考和努力。這大概是公司在制定需要花費大量金錢和精力的精英員工招聘政策時所沒有想到的。

3. 創意不是推行的，是員工滿意的自然結果。員工滿意才能帶來顧客滿意。

會計師事務所與海底撈的一個共同點是，兩者的一線員工都是直接面對客戶。我們公司反覆強調客戶滿意度的重要性，並且採取很多措施去評估和改善客戶關係。管理層為員工設置了很多規定，以期通過管理員工來獲得客戶的滿意，其中大到誠信的品格要求，小到著裝要求，管理層總認為「管」好了員工就能獲得客戶認可，但他們從來沒有意識到，一線員工的滿意才能帶來好的服務，才能獲得客戶的滿意。

4. 超值服務的真實意義。

國內的會計師事務所至少有上百家，都可以為客戶提供審計服務，最後都出具審計意見，沒有太大差異。公司總強調我們與別的事務所不同的地方是我們要向客戶提供超值服務，而對於超值服務的概念，卻從來沒有向員工真正說清楚，僅停留在要表現得職業化、專業能力要強等要求。我覺得張勇的一句簡單樸實的話就把這個問題說清楚了：「他們都說我的火鍋不好吃，但他們還都願意來吃。」跟火鍋店一樣，既然與競爭對手提供的產品的差異化不大，我們就不應該在產品上做文章，而應該在服務過程上做文章。如何能快速回答客戶的問題，如何讓客戶感到我們尊重他們、重視他們的問題和難點等等，可能才是我們真正應該花時間去研究的。

IT工程師學海底撈

歐陽易時是我的學生，他是一名管理IT工程師的經理。聽過海底撈的案例課後，他寫了一篇學習心得。

海底撈案例給我最大啟發的是，如何調查客戶滿意度，以及如何提高員工積極性。

首先，客戶滿意度的調查應根據行業和客戶特點，在定量或者定性方式中選擇適合的一種。在餐飲行業，定量指標的客戶滿意度調查需要採用一系列的調查問卷，然而在飯桌上填寫調查問卷，可能使顧客感到不適甚至反感，並且服務員可能在收集調查問卷的過程中篡改或銷毀對自己不利的答卷。因此，定量化的調查問卷不適用於餐飲行業。海底撈採用了定性的客戶滿意度調查——經理定期或不定期地到門店，親自觀察客戶是否滿意。這種調查方式的問題在於，評價結果包含主觀因素。但是，由於海底撈的經理也是從服務員做起，所以其評價基本都會比較真實地反映實際情況，消除了主觀因素。

發生在我所從事的行業中的事例使我相信，經理也應該定期到客戶現場，與客戶溝通，觀察員工現場工作的情況，從而判斷客戶當前是否滿意，以及是否存在客戶不滿意的隱患。

我們公司是提供技術諮詢服務的，員工經常出差，需要在客戶現場完成許多工作。公司每年會由市場部向客戶以電子郵件方式發送《客戶滿意度調查問卷》，這種方式無法保證及時性和準確性。部門每週召開周例會，但是例會上專案經理的報告並不能客觀反映客戶狀態。這種管理方式最終導致某項目的客戶不滿意，而我卻遲遲未發現。此事之後，我開始一個月拜訪一次該客戶，詢問客戶對我們的工作有何建議和意見。這種方式取得了成效，公司找到了改進的方向，客戶滿意度逐步回升。對於其他客戶，我會根據專案經理的經驗和客戶口碑，選擇不同的週期拜訪客戶，週期通常不超過三個月。除了與客戶交流，拜訪客戶的同時我還會觀察員工的工作情況，例如工作效率、回答客戶問題的態度，並且及時提醒他們。我所在行業的特點是，客戶不滿意通常是一個積累的過程，並且不滿意多源於員工的態度和效率問題。因此，我認為客戶滿意度調查應採用定期、定性的調查方式，並通過觀察員工行為避免客戶不滿意情況的發生。

客戶滿意要靠員工的積極性。海底撈案例給我的第二個啟示是，公司應鼓勵員工創新，給予員工成就感，從而提升員工的積極性。海底撈以員工的名字命名一項創新，這種精神上的鼓勵比物質鼓勵發揮了更大的作用。海底撈員工在每天的總結會上都會講述自己一天的成就，他們實際是在暗自比拼——比拼創新，比拼態度，比拼記憶力……這種氛圍產生了積極的效果：有人擁有成就感，有人則想要超越他人或自己。

創新和成就感可以提升員工積極性，但是必須採用適當的方式。我曾督促員工創新，但是沒有任何效果。有時，我甚至對某些員工失望，認為懶惰是不願意創新的根源。然而，後來我發現問題源於我，我總喜歡把事情考慮得面面俱到，並把具體安排告訴員工，我認為這是部門經理的職責。然而，這種方式使得一些員工逐漸放棄了主動思考。鼓勵創新需要給員工足夠的空間。此後，我將部門發展、技術發展等問題交給員工，請他們做報告，並在部門內部討論。員工在這個過程中開始為組織的發展思考，提出很多新的發展思路。一旦想法被認可和採納，員工的成就感就會上升。反之，對於思考不足的員工，在討論過程中，大家會一方面鼓勵，一方面提出質疑，啟發他們繼續思考，完善方案。

在實踐中我發現，員工的積極性不僅取決於創新和成就感，還取決於「部門發展的參與度」。對於知識力密集型的企業，一個公平的環境，不僅應保證工作分配、績效評估、收入、個人發展的公平，還應允許每一位員工參與部門發展的規劃。在這樣一種環境中，經理的職責應該是激發每個人的創新思維，而不是包攬企業或者部門的大小事宜。經理應該信任員工的創新能力，敢於嘗試，敢於授權。

通過海底撈案例的分析，我深刻地認識到兩點：對於服務行業，客戶滿意度應通過定性指標評價，經理人應面對面地向客戶了解滿意程度；在知識力密集型企業，員工的積極性不僅取決於創新和成就感，還取決於他對部門發展的參與程度。

我從海底撈案例中找到了一些適於自己企業的、共性的管理方法。然而，戰略和管理永遠是具體的，是很難或者不可能被複製的。因此，對於管理者更重要的是找到產品和服務的差異化，摸索出適於自己企業的管理方法，就如同海底撈在火鍋行業內採用服務的差異化，並摸索出自己特有的管理方法一樣。

MBA學海底撈

海底撈的案例在《哈佛商業評論》發表後，走進了中國各大商學院的課堂，下面這篇學習心得是我的學生王廷偉寫的。

來北京這麼多年，吃過餐館無數。關於海底撈，聽人說過名字，聽說吃飯可以送個塑膠袋裝手機，別的卻一概不知。直到看了黃老師的案例，才忍不住想去一探究竟。於是案例分析課前一天的週六晚上，跟老婆一起到了海底撈亞運村店。

車開到北奧大廈門口，就有人過來代泊車，而且馬上有迎賓員來問是否有預訂。放眼望去並沒有幾個人，我心裡暗暗高興，看來選擇八點多來是明智的，不需要排隊了。沒想到，迎賓員說週六人比較多，請我們到大廳稍候，我們要排到四十八號！既來之，則安之，反正是要來體驗的，就走進了大廳。這時候才發現，原來是別有洞天：兩個不小的等候廳裡，已然坐滿了等著叫號的顧客！

免費小吃、免費水果、免費飲料和各種桌面棋牌遊戲……想必大家都已經知道了。就這樣等了一個小時左右，我利用這一個小時把黃老師的案例又完整讀了一遍。其間有服務員來問過旁邊等位的一家子，說樓上有包間，可以少等一會兒直接去包間，需要加五十八元的服務費，問願不願意先去？對方想了想，說還是不用了，五十八元能多吃兩盤肉呢……又過了一會兒，終於叫我們的號可以上樓了。去過的朋友知道，上樓是說離有位子更近了一步，但還要在樓上繼續等，只不過可以看功能表點菜了。當然，免費水果還是少不了的。

看功能表的工夫，服務員過來說：實在抱歉今天人多讓二位久等了，為表示歉意，我們請二位到包間用餐並免收服務費，二位看是否可以？那還有什麼說的，當然可以啊！心裡小高興了一把，終於不用再等，還省了包間費！

包間的環境確實很好，一邊聽著柔和的音樂，一邊點菜，同時一直在留意服務員的舉動。從門口跑進來一個小孩兒，又唱又跳特別高興，服務員也不停地逗他，說是隔壁包間的孩子，一直不肯閒下來。我們也覺得好玩，時不時跟著逗幾句，服務員陸續把茶和鍋底都端了上來。一切看起來都沒什麼異常。就在這時，戲劇性的一幕出現了：小孩兒突然喊「媽媽」，然後蹲在地板上，拉了！雖說包間挺大的，可還是明顯能感覺到，有味道！服務員沒有著急叫隔壁的家長，而是趕緊準備怎麼清理，一邊連連說著對不起。我們倒是理解：小孩子嘛，就說沒關係，老婆也幫著找紙巾。

可是，坐到座位上，始終覺得怪怪的，小孩兒也還沒拉完呢，這飯吃還是不吃？……這時服務員還是主動過來，說：實在對不起，影響了二位，旁邊還有一個大點的包間，幫二位換到那邊是否可以？茶水和鍋底我們都會給二位重新準備。

於是換了過去，重新開始。（服務過程一直很好，略去）。

……

服務員進出服務的間隙，我忍不住問了很多感興趣的問題，主要的幾個摘錄如下：

1. 海底撈服務員都來自簡陽，是怎麼選拔來的？

答：我是來自陝西，現在各個地方的服務員都有了。選拔的原則主要是符合條件，能夠為顧客用心服務。

2. 怎麼考核員工？主管的考核會不會有偏頗，怎麼保證公平性？不合格的員工怎麼淘汰？

答：主要還是看是不是用心服務了，你的微笑是不是真誠的。主管會看到，你周圍的所有同事也都會看到，所以很少有不公平的情況出現。對出現問題的員工，也不是一下子就開除。主管會指出你的問題，以及如何改進。只有問題被指出了不改正，並且還屢次出現的極少數人才會被淘汰。

3. 跟同行相比，待遇是什麼水準？

答：有從我們這兒出去的，才知道我們確實比別人待遇好很多。具體是：

（1）一般餐廳每天管服務員三頓飯，但海底撈考慮到晚上下班晚，是管四頓飯，而且飯菜的品質都不錯。

（2）一般餐廳的服務員都住地下室，但海底撈的員工都統一住在公司的公寓房，比較有安全感，房管的阿姨人也不錯。

（3）一般同類餐館服務員的收入在一千五百元左右，我們的收入至少有一千七百元、一千八百元的樣子，而且會有獎金，直接寄給老家的父母。

（4）最重要的是大家每天都很開心，這種開心是發自內心的。

……

還有兩個需要補充的細節是：

1. 為表示歉意，服務員額外送了一份素丸子（一種素餡，放在涮鍋裡就會成為丸子）。

2. 離開之前，服務員說看二位都像是讀書人，送一份禮物二位應該可以用上。打開一看是一個泥陶的筆筒，很精緻。

走出大門的時候，頗有感慨。祖國上下，吃過的餐館太多，服務好的也不是沒見過，但感受這樣的服務，而且所有這些服務理念從一個普通服務員嘴裡說出來，還真是第一次。從服務員身上，確實折射出了海底撈的管理智慧，這些智慧是什麼呢？從張勇那裡我們知道，在開第一家店時，他並沒有想到這麼多，全都是憑直覺做，這些管理方法是海底撈的團隊十幾年來一點一滴摸索和積累下來的。黃老師的分析也告訴我們，海底撈的管理者在決定每一項管理政策時，更多靠的是對人性的直覺理解，靠的是對農民工這個特殊群體的直覺理解，靠的是對餐館服務員這種特殊工作的直覺理解，靠的是對成千上萬不同顧客的直覺理解。這些簡單直覺的背後，包含了他們對人生和世界的思考……那麼，對於我們這些MBA們，所有這些智慧，或者直覺理解能帶給我們什麼樣的思考？

我想到在我們公司裡，面對客戶的時候我們也許經常會說：「這件事我做不了主，需要請示我的老闆」；或者接到客戶投訴時說：「這件事不是我負責，您可以聯繫某某某」。我們怎麼就不能做到像海底撈的服務員那樣呢？

首都機場學海底撈

海底撈的案例在《哈佛商業評論》上發表後，其影響遠遠超出了編輯和我們的想像。我猜想可能是海底撈的行業是個誰都能做的行業，海底撈的管理方法是誰都明白的方法，海底撈的員工是再普通不過的服務員，然而，能做到讓北京人三伏天還要排隊去吃火鍋的餐館卻僅此一家！

首都機場管理部門看到這篇文章後，特意請我就海底撈案例給他們講課，目的是要提高首都機場的服務水準。接到他們的邀請，我心裡就一直犯嘀咕：火鍋行業是個完全充分競爭的行業，機場可是個絕對壟斷行業。首都機場向海底撈火鍋店學習，這等於皇帝兒子要向農民兒子學種地！儘管我非常理解首都機場要提高服務品質的苦心和決心。然而，怎麼講這堂課我一直沒想好。

七月份我從韓國首爾回北京時，首都機場的人約我在機場見面再詳談講課的事。因為腦袋想著給機場講課，下了飛機對首都機場的服務就格外留意。結果，一件小事，一件讓我和我身邊所有剛從首爾飛來的旅客都不能不注意的小事，成了我給首都機場講課的開場白。

抵達第三候機室的國際旅客，下飛機後首先要先坐三分鐘的有軌電車（機場人員稱它為捷運車），才能到達辦理入境手續的地方；同樣在第三候機室起飛的國際旅客，辦完出境手續後，也要坐三分鐘捷運車，才能到等候飛機起飛的區域。所以這個捷運車，三分鐘一趟，來的時候送上飛機的旅客，回去的時候接我們這些下飛機的旅客。

捷運車兩邊的門像地鐵一樣都能打開，但同地鐵不一樣的是，上下車旅客要走不同方向的門。車停在接旅客的月臺時，下飛機的旅客要先等車另外一邊的門打開，裡面上飛機的旅客下去後，那邊門關上，這邊的門才打開，輪到下飛機的旅客上車。

就在我們看著那些上飛機的旅客魚貫而出時，一個跟那些旅客同車廂來的工作人員，看到車廂地上有兩張紙片，開始用腳踢它們，我一下子沒明白他要幹什麼？他像踢足球那樣，一腳把一張紙踢出車門。哦，他原來是在清潔車廂！再踢另外一張，沒有踢出。在所有首爾飛來的旅客的眾目睽睽下，他又來一腳，紙飄了一下，還是沒有被踢出。當他還想再踢時，車門已關上了，我們這邊的車門打開了。我們開始上車，他只能放棄了他沒完成的清潔工作，同我們站在一起。三分鐘後，捷運車停下來，當我們下車後，我回過頭看他，他又開始用腳踢那張剩下的紙片。這次他成功了，一腳把那紙片踢到月臺上，門又關上了，又一撥旅客上來了，他隨著他們又去清潔了。

據說首都機場第三候機室，是目前世界單體最大和設備最先進的候機室。看到那太空夢幻般的設計，真讓人為中國驕傲！可是剛才這一幕卻讓人像吃完海鮮大餐的最後一口吞了一隻綠頭蒼蠅！我用眼角餘光掃了一圈，看看那些同樣觀看到這場清潔工作的韓國旅客有什麼反應。兩個商人裝束的韓國人邊看那個清潔工，邊用韓語低聲笑著交談著。然而，令我奇怪的是他們眼神裡不是我所想像的驚訝，而是司空見慣的平靜，似乎是在說：「這就是中國。」

每次在國外逛商店看到同樣尺寸的中國彩電，一般都要比韓國和日本的便宜幾百美元。價錢差那麼大，讓我也不太敢買中國電視，總覺得便宜沒好貨。我同一位TCL的朋友曾認真討論過這個問題，他不經意的一句話讓我頓悟。他說：電視機製造是成熟技術，我們的品質同他們的絕對沒有那麼大差別。但任何品牌都不僅僅是品質和價錢的問題，還有民族背景。

記得一個在東北開飯館的韓國朋友曾跟我直言不諱地說，韓國清潔工人擦地時眼睛總是盯著地面，而中國清潔工人往往抬著頭。儘管他特意為中國員工規定了擦地流程，可是他發現讓中國員工每天把地擦乾淨不是一件容易的事。他認為這才是韓國產品品質比中國強的根本原因！看我有些尷尬，他又往回找了一句：「當然，按日本人的標準，我們韓國人也不太合格。不信，看看日本人的花園，一般韓國人也都自愧不如。」

我的自尊心仍然受到傷害，我說：「你不能以偏概全，香港、臺灣甚至很多深圳、上海的飯館衛生絲毫不比你們韓國的差！」

可是那位喝多了點的韓國人仍不依不饒地說：「我講的是平均水準，你到韓國農村的餐館洗手間看看，再到中國農村餐館的洗手間看看，就知道我講的是什麼意思了！」

我一下子火了，我說：「韓國那麼小，當然能平均。可是中國這麼大，怎麼能平均?!」

首都機場顯然不能請韓國人和日本人來做清潔。我們只能矬子裡拔大個，在不平均的中國，請更勝任清潔工作的人來做這項工作。

於是，我給首都機場提了如下改進服務水準的建議。

我說，從那個腳踢紙片的青年人臉上可以看出，他應該是個城裡人，很可能還是個北京城裡人，因為他有北京城裡人那種特有的矜持。從他的年齡可以看出，不出意外，他一定是獨生子女政策的產物。

一個「八〇後」北京城裡的獨子，一出生嘴裡就應該含著把金鑰匙。為什麼？因為他命中注定至少要有兩套北京住房，他父母會給他留一套，父母的父母至少還會給他留一套，這還沒算他太太那邊的。在北京城裡有兩套住房意味著什麼？意味著一個人可以不用工作，租一套，住一套。

有這樣背景的二十幾歲的北京人，讓他在大庭廣眾面前做那種枯燥、單調和不體面的工作，同時還指望他能像日本人和韓國人那樣敬業，那無疑是讓鐵樹開花！

所以對這樣的崗位，我建議為了國門的面子，為了中國產品的民族形象，還是別用北京人啦！

有人會說，你這不是歧視嗎？

可世上哪有那麼多公平的事？

想想看，北京歧視外地人的政策還少嗎？

首都機場是全中國的機場，中國這麼大，經濟發展這麼不平衡，各地文化這麼不同，為什麼不能人盡其才，讓相對願意做清潔的人來給國門掃地？

我接著說，怎麼向海底撈火鍋店學習？就要從這裡入手，北京海底撈的員工中，就有很多是四川農村來的！四川人的服務意識是北京人學不來的！不僅如此，我還建議首都機場不僅要請四川的年輕農民，更要請年齡較大的，比如，四五十歲的四川農民！因為這樣枯燥單調的工作，即使是農村的年輕人也很難不厭其煩！

看著聽課者們聚精會神地聽，我越講越興奮！我說即使是來自農村的中老年清潔工，也要盡可能地讓他們的工作內容豐富些，否則三分鐘過去，三分鐘回去，包括上下車時間，每個小時至少要十五次，八小時一百二十次，是人都會暈的。所以應該讓他們經常在清潔廁所、大廳和收集行李車等其他簡單勞動中調換一下，以增加工作趣味性。

……

講完課，首都機場的管理者們照例給了我禮貌的掌聲。

可是送我走時，一個經理跟我說：「黃老師，我們首都機場是個小『聯合國』，有二十多個獨立單位。那個捷運車就是國外公司提供的，這兩年是由他們負責運營和維修。而很多國內員工都是有關單位介紹進去的，沒辦法換成四川農村人！」

海底撈你學不會！

講授海底撈案例時，我被人問得最多的兩個問題，一是：同麥當勞這些連鎖店比，海底撈更多是靠人治，而海底撈這種管理方法能讓它走多遠？我的回答是，我不知道。但海底撈已經活了十六年，我只想把海底撈為什麼如此鶴立雞群的原因挖掘一下。

第二個問題是：海底撈的做法我們能學會嗎？我的回答是，你學不會。因為企業管理不是科學，是藝術。就像學鋼琴的不可能都成為鋼琴大師的道理一樣！

下文是我二〇〇八年發表的一篇引起很多爭論的文章。寫完海底撈一書，我更堅信管理不是科學的觀點，把它重新修改一遍再登出來。

管理是科學還是藝術？這本來是學術界的爭論，但現在引起越來越多企業界人士的關注。做企業的人關注這個爭論不是沒有理由。如果管理是科學的話，企業就應該多招MBA並讓他們擔當重任，因為他們是專門學管理的；當企業面臨重大決策和難題時，也應聽取諮詢公司的意見，因為諮詢公司的雇員大都是MBA畢業生。

相反，如果管理是藝術，企業就應遵循「不管黑貓白貓，抓到老鼠就是好貓」的原則；當企業有病了，也別相信所謂的外腦——諮詢公司能治你的病，因為任何藝術家的成功，主要靠其本人的天分和努力，同別人的關係不大。

其實，這個爭論是從大學開設管理課程才出現的。以前儘管早有企業管理，但沒有這種爭論，因為管理者都是從其他專業轉行做管理的。那時人們的常識是：一個任何人都可能從事的專業怎麼可能是科學？可是當企業越來越大，管理越來越複雜，學校開始教授管理時，有人就提出管理是科學，爭論就開始了。

儘管我有一個MBA的學位，但我同意管理是藝術的觀點。原因有二：

第一，直到今天，全世界的企業管理者大部分還都不是學管理出身的，尤其是那些如雷貫耳的優秀管理者：韋爾奇、比爾．蓋茲、稻盛和夫、王石、任正非、馬雲……竟沒有一個有管理學位。反觀那些從事科學職業的人，比如醫生、工程師、藥劑師、數學老師……不受專業教育則不能上崗。因此，如果醫生、工程師、藥劑師、數學老師們所從事的是科學專業，管理就應該是不同於科學的東西。

第二，合格的醫生可以給不同人種的病人看病，合格的工程師可以在不同項目中工作，數學老師在中國和美國都能教數學。但管理者不行！韋爾奇管不了中國企業，王石也管不了馬雲的公司。因此，管理是一個知識、經驗和技術不能被重複驗證，甚至不能在同一個人身上重複驗證的專業。這樣的專業當然不是科學，因為科學必須是能夠重複驗證的東西。

管理不僅不屬於自然科學，就是同會計和律師這樣的社會科學專業也有本質不同。會計和律師的專業教育對他們所從事的職業是必需的；管理則不是，至今為止的人類管理實踐證明，沒有任何一種專業教育能使一個人一定成為管理者。管理是一個條條大路通羅馬的專業。從農民到科學家都可能成為優秀的管理者，相反管理專業的畢業生——MBA卻未必能成為管理者。

什麼是科學？科學必須是能重複驗證的東西。科學是能夠用數學、邏輯和實驗重複證實因果關係的東西，比如一加一一定等於二，酸鹼中和一定生成鹽。如果能找到任何一個反例，證明一加一不等於二，這個原理就錯了。

什麼是藝術？藝術就是不能用數學、邏輯和實驗，重複證明因果關係的東西，但也不能證明沒有！這就是所謂不能證實，也不能證偽的東西。對藝術來說：一加一有時等於二，有時就不等於二。比如平衡能產生美，但非平衡也能帶來美；靠統一指揮的交響樂能給人帶來感動，由樂手自由發揮的爵士樂也能讓人瘋狂。

因此從科學和藝術的區別來看，管理應該更像藝術。比如有的企業用六西格瑪、平衡計分法、ERP和SAP這些管理方法和工具就靈，有的企業根本不管用。儘管豐田汽車廠向競爭對手打開大門，可是美國汽車行業，用了三十年硬是學不會如此簡單的豐田生產管理方法。為什麼？因為汽車製造是科學，但汽車製造的管理卻是藝術。是藝術就有天分的成分，就有不能重複和不能模仿的東西！比如你有張勇那種對人「輕信」的性格嗎？你的下屬被騙三百萬，你有真不發火的氣度嗎？這就是為什麼你學不會海底撈的原因，也是美國汽車工業學不會日本汽車生產管理方法的原因。這與不同畫家，用同樣的畫筆、畫布和塗料，畫著同樣的東西，但畫的效果則完全不一樣是同一個道理。

管理應該是藝術類的專業，管理者是同畫家、歌手、作家和導演一樣的藝術家。對藝術家來說，天分和實踐永遠比知識和理論重要。正是因為如此，耳聾的貝多芬能創造出絕世的樂曲，沒讀過MBA的張勇能創造出一個讓商學院學習的海底撈。這同作家往往不是學文學的，演員、畫家和音樂家也不一定要接受正規藝術教育的道理一樣。所以，管理者應該是藝術家！

把管理者說成是藝術家，一定會讓人感到怪怪的，因為很難把整天西裝革履、行為規範的管理者同那些留著長髮、天馬行空的藝術家聯繫到一起。然而他們的不同只是表面上的，是所謂的神似，形不似，其實，管理者和藝術家骨子裡都要特立獨行。沒有創新，你怎麼能在競爭中勝出?!不信，請仔細給我們所熟悉的優秀管理者畫一張像，他們身上一定有一些共性的東西，比如他們一定比一般人更願意創新，行為也更果斷；不僅更自律，也更能承擔風險；對人對事敏感，甚至有些偏執等等。

像所有藝術家一樣，管理者的天分也很重要。如果沒有天分，一個管理者即使再努力，也不能管好一個企業。我們經常聽人講：某某某是一個天才的組織者，其實說的就是管理者天分。這個東西很難學，因為它既有DNA的成分，也有從娘肚子出來之後的生活閱歷。比如，張勇十四歲時讀的那些西方哲學書籍，你讀過嗎？

管理究竟是藝術，還是科學？大多數人一定同意管理既是科學也是藝術的說法。我原來也同意這個說法。可是在學校教了九年管理後，我對這個問題的看法發生了變化。我現在覺得這個說法儘管能讓大多數人接受，但卻是個最滑頭和最沒用的說法。因為世界上所有專業都是藝術和科學的結合，也就是說，科學專業也有藝術的成分，藝術專業也有科學的成分。比如科學大師愛因斯坦，如果沒有超人的想像力，僅靠數學和邏輯能力是不會發現相對論的。正是因為如此，同行稱他為：「科學領域的大藝術家！」再比如，外科醫生不僅需要專業訓練，也需要天分！同理，所有藝術專業也都有科學的成分，哪怕純騙人的藝術——魔術，也要使用科學手段才能變得登峰造極！

因此，區分一個專業是科學還是藝術，實際是根據科學和藝術所佔的比重；如果科學的比重大，就是科學，反之就是藝術。

其實，大千世界，萬物都是平衡的。但平衡絕不是簡單的一邊一半，不是中庸之道；任何平衡都有側重，側重點決定了事物的本質。因此，那種管理既是科學又是藝術的說法，等於什麼也沒說。因為，它沒有讓管理者集中注意力！

企業管理的藝術成分大，決定了管理是藝術的性質，但不代表管理沒有科學的成分，也不代表科學管理的東西沒用，只不過在管理中，科學成分沒有藝術成分起的作用大而已。比如，人都需要公平感和成就感，因此人事薪酬制度必須體現多勞多得才行，否則，員工就不會努力工作，這是管理的科學。但知道人的這種共性以及那些科學的薪酬制度和管理方法，對管理者的幫助並不大，因為每個管理者面對的是：怎樣才能讓自己公司裡那群具體的雇員感到公平和有成就感。這就是藝術要解決的問題。張勇就是因為比同行更好地解決了，海底撈那個以農民工為主體的員工隊伍的公平感和成就感問題，才讓海底撈變成讓同行紛紛掏錢去吃飯的火鍋店。

管理是藝術的根本原因在於：管理最終是管人，沒有人就沒有管理。但人不是標準的零件，張三和李四不一樣，國有企業員工和民營企業員工是不同的人，「八十後」的獨生子女同他們父母也不同，城市員工和農民工對公平的感覺不可能一樣，美國雇員和中國雇員的成就感也肯定不同。

人儘管有同樣的共性，但恰恰是人的特殊性，才使人成為不同的人，這就是「性相近，習相遠」的道理。正是這些一個個不同的人，構成了不同的企業，因此，世界上沒有兩個同樣的人，世界上也沒有兩個同樣的企業；也因此，管理永遠是具體的！

管理大師德魯克說：「管理是實踐的藝術。」什麼是實踐的藝術？就是行永遠在知的前面——不管理企業，永遠不知道企業管理是什麼（不論你有什麼樣的管理學位）；不親自管理這個企業，就永遠不知道這個企業管理是怎麼回事（不論你以前管理別的企業多麼成功）。行永遠比知重要——只有通過不斷糾偏的嘗試——「摸著石頭過河」地做，管理一個具體企業的知識和技巧才能趨於成熟和完美。這就是海底撈那些學歷不高、年齡不大，但從服務員幹起的幹部，在海底撈如魚得水，可是被人挖走之後就不靈的道理。其實世界五百強的集體用人實踐也證明了這個道理：企業內部提拔的CEO成功比率遠遠高過空降的CEO。

宜家的顧客一體化，沃爾瑪的大賣場和西南航空的低價戰略在全世界商學院教了很多年，可是誰學會了?!為什麼？因為那是別人的藝術，是藝術就有獨創性，僅靠模仿是不能成功的。孫子兵法說：「人皆知我所以勝之形，而莫知吾所以制勝之形」（別人只看到我制勝的方法，卻不知道我是如何獲得這些方法的）。獲得這些方法的過程同樣重要，因為一個企業掌握了一種有效的方法之後，它的特殊執行能力也就形成了。而別人學的只是方法，卻沒有學到它的執行能力——執行能力是學不會的！這就是為什麼那麼多火鍋同行學不會海底撈的根本原因！他們的團隊沒有楊小麗、袁華強、謝英和林憶這些幹部的執行能力。

因此，管理者如果不清楚管理的本質是藝術，注意力就必然分散。這是學院派和相信管理是科學的管理者們必然要走的彎路。因為他們認為，管理既然是科學，就要找專門學管理的人和諮詢公司來幫助他們制定「最先進和最好」的經營戰略和管理方法，這樣公司就可以管好了。於是，這些管理者高薪挖來外腦，請來諮詢公司，結果無一例外地花了大錢，走了彎路，最終才明白，管理是買不來、教不會、學不到的，管理必須要管理者在實踐中自己悟。一句話，自己企業的病，只能自己治。

跋　撈起「海底撈」

孫雅男

幾天前，二〇一一年初的一個寒風蕭蕭的冬夜，我作了一個夢。

我夢見在四川簡陽街心公園的露天茶座，黃鐵鷹老師戴著他那頂標誌性的灰色鴨舌帽坐在我身旁，我們一邊吃著花生一邊跟桌子對面張勇兒時的夥伴——如今的茶館老闆兩口子熱火朝天地聊著張勇當年在這個公園裡跟人玩牌打架的段子，面前的花生殼堆了一桌子。張勇坐在一邊，有一搭沒一搭的，偶爾插句話。他一隻腳蹬著眼前的小樹幹，藉勢後仰著身子，身下的椅子傾斜著，翹起兩條椅子腿兒懸在空中，漫不經心地前後搖晃著。午後的陽光穿過樹葉的間隙落在張勇的臉上，留下斑駁陸離的影子。

夢裡的這個片段毫不陌生，因為這個場景曾經在八個月前真實地發生過。

就在八個月前，我同黃老師一起趕赴四川——張勇的家鄉。我們圍坐在張勇成都別墅的院子裡，聽張勇的老母親細數兒子成長的點滴；我們聽張太太——舒萍講她跟張勇的戀愛細節——當然，跟張勇所敘述的是完全不同的版本，講到她跟張勇和兩個朋友一起創建海底撈的辛酸，情難自已，淚流滿面；我們還找到海底撈最初的原始股東施永宏，把酒促膝，聽他坦陳他跟張勇的聚散離合，前後原委；我們跟張勇驅車回到簡陽——他最初發跡的地方，一起在路邊髒兮兮的羊湯小館子裡喝著羊湯，聽他兒時的鄰居大媽，也算是當年的萬元戶了，講起當年兌進火鍋底湯裡的燒鵝湯；我們穿著防護服在海底撈底料工廠裡參觀火鍋底料的生產流程，空氣中瀰漫著濃郁的辣椒味道，而那時張勇正在他寬敞的辦公室裡若無其事地拍打著籃球；張勇帶我們回到他兒時居住的四方街——如今那裡已經橫七豎八地布滿了破破爛爛的違章小樓，只見他背著手穿梭在樓與樓之間狹窄的過道裡，偶爾跟路過的熟人用四川話打個招呼——眼前這名男子看起來稀鬆平常，跟四川街頭任何一個不拘小節的男人沒什麼區別；我們還來到簡陽第一家海底撈的原址，如今那店面已經成了一家小美容院，張勇當年貼在牆上的瓷磚，如今已是斑斑駁駁，美容院的幾個小姑娘莫名其妙地盯著這幾個不速之客……我感覺得到張勇鬆弛的狀態，彷彿魚兒回到了它生長的池塘，帶著我們一起回到、深入到他的過去、現在……

從成都到簡陽，從四川到北京，在過去的這段日子裡，我們遍訪張勇的至親好友、合作夥伴，上到海底撈的原始股東、全體高管，下到海底撈的各級經理、普通店員、保安、司機……

這是完全不一樣的一群人，他們多數家境貧寒，靠自己的雙手改變了命運，遠走他鄉在競爭激烈的城市裡過上完全不同的生活。海底撈的高管多數與我年齡相差不多，雖然年輕卻個個成熟老練。

敢愛敢恨的楊小麗——初見小麗時，她正當新婚燕爾，如今已晉級準媽媽。

少年老成的袁華強——當年冒冒失失的毛頭小夥兒如今已經成為海底撈管理體系的總教練。乖巧伶俐的林姑娘——當年拿著表姐的身分證來海底撈應聘的稚嫩小女孩，如今已披上嫁衣，初為人婦，海底撈作為娘家一手操辦了她的婚禮。莽撞而堅定的謝張華——曾經為店裡的意外事件不計後果，如今已成長為幹練穩重的店長。還有海底撈管理層裡極少數的高學歷人士苟軼群、質樸真誠的謝英、內斂多思的楊濱……

在採訪中，張勇曾經對我們說，別把海底撈寫得太好了，要呈現出最真實的東西。海底撈並不完美，它不是一個神話，但它卻有著一種說不清道不明的魅力，讓人忍不住一次次探究下去，而最終謎底揭曉時，卻發現一切不過就是這麼簡單。

當一些人和事進入你的夢境時，它就成了記憶。這也許意味著，這段採寫海底撈的生活即將告一段落。沒想到自己跟這家火鍋店居然糾纏了這麼久，成為我記者生涯裡一段難以磨滅的經歷。與黃老師的合作是一件幸運而愉快的事情，由商而文的黃老師兼具企業家的精明與學者的書卷氣，他總是大步流星又彬彬有禮，是一位真正的紳士、智慧的長者。他會為採訪中每一個精彩的細節心潮澎湃，興奮不已，毫不掩飾。

在一次結束採訪回來的路上，黃老師興致勃勃地對我說，他覺得當記者是一件有意思的事。

我也這麼覺得。

參考資料

本書中引用和選編了如下在《海底撈文化月刊》上的文章：

二〇〇四年六月刊第四頁　西安二店翁紹瓊的《期盼》

二〇〇五年四月刊第三頁　楊小麗的《可怕的危機》

二〇〇五年七月刊第一頁　西安二分店張紹群的《愛護與節約》

二〇〇五年十一月刊第二頁　河南焦作店徐敏的《相信付出終有回報》

二〇〇六年四月刊第二頁　北京一店王豔的《最感謝的人》

二〇〇六年六月刊第三頁　西安片區助理方雙華的《怎樣做好一名領班》

二〇〇六年七月刊第一頁　西安片區助理方雙華的《如何應對淡季生意》

二〇〇七年二月刊第三頁　荀軼群的《反思》

二〇〇七年五月刊第七頁　西安三店無名氏的《探父》

二〇〇七年九月刊第六頁　北京七店萬凱麗的《那一刻我哭了》

二〇〇七年編輯部的優秀案例部分

二〇〇八年一月刊　西安五店史利的《誰是最可愛的人》

二〇〇八年三月刊　編輯部的《遇到了存心刁難的客人》

二〇〇八年三月刊第七頁　北京三店楊玉梅的《樹高千尺，忘不了根》

二〇〇八年八月刊第十四頁　西安二店李小綿的《那一聲溫暖人心的姐》

二〇〇八年八月刊第十七頁　北京四店許陳晨的《撥開烏雲見彩虹》

二〇〇八年八月刊第二十九頁　北京四店張瑜的《如何服務同行》

二〇〇八年十月刊第十四頁　北京七店曾令敏的《有授權但我不喜歡。》

二〇〇八年十一月刊第十四頁　北京四店王豔的《關於授權》

二〇〇八年十一月刊　北京七店王斌的《由一次投訴想到的——授權》

二〇〇八年十一月刊　上海二店楊磊的《困惑》

二〇〇八年十一月刊　編輯部的《海底撈歸來》

二〇〇八年十一月刊第二十二頁　西安五店蔡雲俠的《海底撈的飛虎隊》

二〇〇八年十二月刊第十五頁　北京八店張海霞的《因為有你，所以我在改變自己》

二〇〇八年十二月刊第十六頁　上海三店張耀蘭的《從清潔阿姨到服務員的感受》

二〇〇九年一月刊第十二頁　上海四店郭春莉的《這個折，打還是不打？》

二〇〇九年三月刊第十三頁　海底撈西安物流站魏義波的《在苦樂中成長》

二〇〇九年四月刊第十四頁　上海五店趙蒙的《打架有感》
二〇〇九年五月刊第十五頁　北京三店王歡的《我與客人交朋友》
二〇〇九年五月刊第二十三頁　上海五店夏鵬飛的《像乞丐、打麻將學做事》
二〇〇九年六月刊第二十七頁　北京四店何瓊豔的《期盼下一個年假》
二〇〇九年七月刊第十一頁　上海三店姚曉曼的《特意為您》
二〇〇九年八月刊二十四頁　北京四店陳志碧的《除了努力，我們別無選擇》
二〇〇九年八月刊第二十九頁　西安三店董小毅的《好媽媽——仇阿姨》
二〇〇九年九月刊三十二頁　上海五店黃金仙的《一次感冒的思想延伸》
二〇〇九年十月刊第二十六頁　上海三店張耀蘭的《一碗普通的蘿蔔絲》
二〇〇九年十月刊第二十七頁　北京四店王彩虹的《我的第二個家海底撈》
二〇〇九年十一月刊第二十三頁　編輯部上海客人的《感謝信》
二〇〇九年《Hi life》第三十六頁　北京九店師洪橋的《雙手》
二〇〇九年十月刊第三十六頁　西安二店王妙華的《巧用牙膏治腳氣》
二〇〇九年十二月刊第六頁　編輯部的《有愛就有家》
二〇一〇年一月刊第三十三頁　南京店李婉的《真誠》
二〇一〇年一月刊第五十五頁　上海四店吳君快的《分享兩個案例》

二〇一〇年四月刊第二十五頁　編輯部封面文章的《吳阿姨學認字》

鄭州片區經理馮伯英回憶加入海底撈的文章登載日期不詳

西安片區經理楊華的一篇關於家訪的文章登載日期不詳

海底撈你學不會／黃鐵鷹著. -- 一版.-- 臺北市：大地, 2011.7
面： 公分. --（大地叢書：37）

ISBN 978-986-6451-52-2（平裝）

1. 四川海底撈餐飲公司 2.餐飲業管理 3.連鎖商店 4.文集

483.807 101009617

海底撈你學不會

大地叢書 037

作　　者	黃鐵鷹
創 辦 人	姚宜瑛
發 行 人	吳錫清
主　　編	陳玟玟
出 版 者	大地出版社
社　　址	114台北市內湖區瑞光路358巷38弄36號4樓之2
劃撥帳號	50031946（戶名　大地出版社有限公司）
電　　話	02-26277749
傳　　眞	02-26270895
E - mail	vastplai@ms45.hinet.net
網　　址	www.vastplain.com.tw
美術設計	普林特斯資訊股份有限公司
印 刷 者	普林特斯資訊股份有限公司
一版四刷	2018年6月

定　　價：280元